孩子，你在想什么

——场景化育儿心理学

〔英〕塔妮思·凯里 著

大J 译

DK

中国妇女出版社

图书在版编目（CIP）数据

孩子，你在想什么 ：场景化育儿心理学 /（英）塔妮思·凯里著 ；大J译. -- 北京 ：中国妇女出版社，2021.1（2021.1重印）
书名原文：WHAT'S MY CHILD THINKING?PRACTICAL CHILD PSYCHOLOGY FOR MODERN PARENTS
ISBN 978-7-5127-1914-9

Ⅰ.①孩… Ⅱ.①塔…②大… Ⅲ.①婴幼儿心理学②婴幼儿-家庭教育 Ⅳ.①B844②G78

中国版本图书馆CIP数据核字（2020）第191113号

著作权合同登记号 图字：01-2020-5725

孩子，你在想什么——场景化育儿心理学

作　　者：〔英〕塔妮思·凯里 著 大J 译
责任编辑：门 莹 闫丽春
封面设计：尚世视觉
责任印制：王卫东
出版发行：中国妇女出版社
地　　址：北京市东城区史家胡同甲24号 邮政编码：100010
电　　话：（010）65133160（发行部） 65133161（邮购）
网　　址：www.womenbooks.cn
法律顾问：北京市道可特律师事务所
经　　销：各地新华书店
印　　刷：北京中科印刷有限公司
开　　本：195×233 1/16
印　　张：15.75
字　　数：340千字
版　　次：2021年1月第1版
印　　次：2021年1月第2次
书　　号：ISBN 978-7-5127-1914-9
定　　价：138.00元

译者的话

去年我收到中国妇女出版社的邀请，来翻译DK这本*What's My Child Thinking*。当时我看完原版内容，立马就欣然答应了。

很多朋友肯定会好奇，我自己已经写了6本育儿书，为什么还要翻译别人的育儿书呢？因为这本书有一些“不一样”。

成为母亲的这6年，我一直在学习育儿，回顾这几年自己成长的历程，我把无数育儿方法和理念总结成这四个字：互相“看到”。我们需要去“看到”孩子，看到他们的需求以及他们行为背后的原因；但与此同时，我们也需要“看到”自己，看到我们作为父母的需求，以及我们行为背后真正的动机。这也是这几年来我不断学习、不断分享，不遗余力在做的一件事。

拿到DK的这本原版书时，我的确耳目一新，因为这是第一次，我看到一本育儿书里同时呈现了父母和孩子双方的想法。

长久以来，我们花了很多时间去学习怎么理解孩子，却经常忘记去理解我们自己。我曾经就有过因为学习太多育儿知识，而假装成为一位“好妈妈”的经历。而这本书告诉我，原来我这么想是可以的，只不过我可能忽略了孩子某些方面产生问题的原因。被理解、被看到，其实是我们做好父母很关键的一课。

了解DK这个品牌的朋友应该知道DK的专业度和严谨性，但这本写给父母的育儿书的阅读体验却出奇地友好。这是一本关于儿童心理学的书，但书里没有干涩的理论，而是按照孩子的年龄段还原了一个个育儿的场景，即使我的女儿已经6岁了，我在读到两三岁这个年龄段的章节时，仍然有会心一笑的感觉，“原来大家都一样”。

书里针对每个场景都给出了方法，既有针对眼下的“救火”，更有着眼于“长期”的努力方向，让每位父母既能解决问题，又能明白背后的道理。这是非常赋能的——育儿不能只学“术”，否则我们会永远疲于“救火”；但育儿也不能只学“道”，否则我们总会有“学了那么多，仍然带不好娃”的挫败感。

我很荣幸自己可以翻译DK的这本《孩子，你在想什么》，我想把这本书推荐给所有2～7岁孩子的父母，因为这本书不仅仅是告诉我们“应该”怎么做，更是在提醒我们育儿的本质，即互相“看到”。父母是容器，只有我们内心稳定并且充盈，孩子的问题才不是“问题”，而是成长的机会；孩子的“找麻烦”都不是麻烦，而是孩子深陷麻烦，渴望得到大人的帮助。

愿我们在成为好父母的路上，也能时刻不忘记“自己”。看到自己，看到孩子，亲子关系就是可以这么简单。

大J

2020年10月

目 录

第4章 4～5岁的孩子

第 5 章 6～7岁的孩子

前 言

作为父母，你可能会经常觉得，好像自己就得神奇地知道该怎么“做”一样。不管是孩子不肯穿外套，还是拖拖拉拉不肯上床睡觉，你都会发觉自己在寻找“正确的”措辞和反应，希望能够碰巧找到一种有效的策略。

我们写这本书，就是为了提供帮助，让你洞悉孩子小脑瓜中的种种想法，从而知道遇到这些时刻该怎么做。这本书参考儿童心理学和神经科学领域的最佳研究成果，将帮助你从孩子的视角重新认识这个世界；同时，本书也在提醒你，角度不同，看法会有多大的差别。

本书还在一个更为重要的方面独树一帜：很多育儿书将家长与孩子的互动视为单向的，由更强势的成人告诉孩子应该怎么做。但育儿一直都是一个“你来我往的过程”——父母的内省同样重要。我们所有人的脑海里都有一个剧本，告诉我们“应该”如何为人父母。但除非我们留神倾听它的指示，否则我们很可能不会认识到，自己抱有不少无益的想法和偏见，而这些会阻碍我们与孩子的真实沟通。我们发自内心地想要做到最好，却可能没有意识到，我们为“立规矩”所说的话会让已经失去控制的孩子更加难过。这是首本同时呈现父母以及孩子想法的育儿书，你可以在本书中看到100多个真实的亲子互动场景和冲突时刻。

2~7岁正是儿童性格形成的关键时期。耶稣会士们有一句名言：“让我把孩子带到7岁，我会给你一个虔诚的信徒。”这句话背后有科学的依据。孩子到了7岁，90%的大脑发育已经完成。孩子从出生到7岁的经历和所得到的关爱照顾，已让他的大脑初步成形。

作为父母，我们这一代人无比幸运，因为由于神经科学的进步、大脑扫描技术的发展以及多年来的儿童发育研究，我们知道的比以往任何时候都多。我和受人尊敬的安哈蕾德·拉德金博士（以及我和她的5个孩子）一起合作，组建成育儿作家与儿童临床心理学家的团队，已挑选出这些成果中最优秀的部分，其中很多都是大家至今无法轻易接触到的知识。

据我们了解，还没有任何图书能够给父母们带来360°的全景视角，将重要的研究应用到如此多的真实场景中。当然，没有一本书能够包罗一切可能。但我们相信，本书中的指南必然可以改善你与孩子的沟通之道。

作为父母，我们都经历过这样的时候，自己刚发完火、争论完或发完脾气，却又陷入新一轮的发火、争论和发脾气中。那就把这本书当作改变的指南，让它帮助你理解孩子在这些时候真正想要告诉你什么，让自己更加自信地做出应对。将本书当作你的资源，我们相信你会获得更深的认识，而这会改变你与孩子的关系，最终帮助你和你的孩子做到冷静从容，建立更紧密的联系。

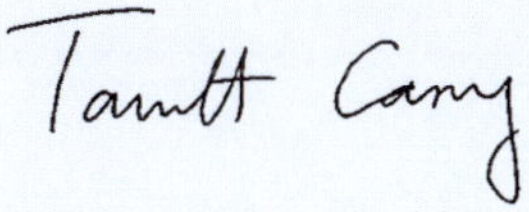

塔妮思·凯里

导 语

在考虑你自己以及作为家长的想法的同时，兼顾“我的孩子在想什么？”——从孩子的视角观察世界。这是一种新的方法，旨在帮助你快速、准确地解释孩子的行为。

在育儿的道路上，总是不断出现一触即发的亲子冲突。本书的目的是将最具相关性的儿童心理学、神经科学知识和最佳做法浓缩到可以即看即用的章节中，使你能够立即获取所需的信息。但是，对于有些情景，除了这些建议，还需要长期的解决方案。所以，每个场景也包含从更长远的角度看应该怎么做的提示。

进入不同的发育阶段

本书主要针对2～7岁的儿童——2～7岁正是孩子开始探索更广阔的世界、掌握语言、结交朋友和形成独立性格的时期。

所以，为了方便你感应孩子内心深处的想法，无论他几岁，本书都以清晰明了的方式按以下3个年龄段编排章节，以尽可能地对应关键的发育阶段：

- 2～3岁
- 4～5岁
- 6～7岁

正如你在孩子第一次学会坐、站和走路时所观察到的，大脑的发育阶段（我们没法看到）也往往以相同方式按照相同的顺序出现。也就是说，每个孩子都是独一无二的，虽然这些发育阶段大致上会依次出现，但是每个孩子都按自己的节奏来经历这些阶段。

现代新观念

2～7岁间，男孩与女孩的大脑和思维发育基本相同。所以，虽然我们在全书中交替使用“他”和“她”，但他们是可以互换的。（在翻译时已根据国内读者阅读习惯统一使用“他”。）而且，由于性别角色已变得不那么固定，照顾孩子不再被视为妈妈的主要责任，所以每个场景同时适用于爸爸或者妈妈。而且，虽然本书提到的是爸爸妈妈，但出于设计的本意，对于想要更好地了解孩子的每个人，不管是爷爷奶奶、外公外婆、老师，还是看护人员，本书都能提供帮助。

运用心理学

本书以100多个日常生活场景为主线进行编排，方便你快速找到孩子所说、所想的背后原因，从而对书中这些父母遇到的情况和引发的各种情绪感同身受。

不仅仅是孩子会每天不断用各种问题“轰炸”家长，很多时候家长自身也有无数问题需要解

对于年幼的孩子而言，父母就是他的整个世界。
父母对待孩子的方式，对孩子的自我认识有直接的影响。

答——我应该屈服于孩子的抱怨吗？

所有电子产品都是不好的吗？为什么他就不能照着吩咐做呢？本书将为这些问题以及更多其他问题提供答案。

本书恰当安排了各种场景，使你能够快速找到所需的信息来解决你面临的任何问题。通过应用最佳的处理方案，你将更加了解孩子及其所处的发育阶段，更加明白在相似场景中该如何行事，而这些分析可以增加你养育孩子的信心。

有时候，孩了的特定行为，如发脾气或和兄弟姐妹吵架，背后存在不同的原因，而我们需要区分其中的微妙之处。对这些场景我们往往提供两种解决方法，其中一种可以更妥善地解决问题。我们还为此提供了流程图，以帮助你发现差异所在，有两大类方案可供你做出最好的应对。

整本书中还穿插提供了一些“一看即知”的实用指南，它们针对最常见的育儿问题——如外出吃饭、睡觉难题和开车出行等，列出了我们提炼后得到的最佳做法，并按年龄段给出了具有针对性的建议。

更好的亲子关系

通过帮助你解释孩子的行为，我们希望你能更好地处理育儿中某些混乱的时刻，并由此在当下和之后的岁月中与你的孩子建立更深层次的连接。

第 1 章

你对孩子抱有怎样的期望

你个人的童年经历

每个人都从一个独一无二的地方走向为人父母之路，起点就是他们自己的童年。如果你认为自己成长过程中接受的养育方式是有效的，你可能就会继续使用这种方式养育你自己的孩子；但如果你希望自己当初获得的是另一种养育方式，你可能就会在自己孩子身上尝试新的方法。

为帮助你了解自己的育儿风格，你可以将以下问题当作提示，描述你对自己童年的感受；你还可以邀请共同养育者一起做这件事情：进行充分讨论或者将各自的想法写下来，然后再一起看你们的回答。如果这导致你们两人都产生了强烈的情绪波动，也不必感到惊讶。根据你们的发现来衡量彼此的长处和短处，然后再考虑如何合作，才是对你们的孩子最好的做法。

Q 就大人间的矛盾而言，我的父母：

- 会在我面前吵架
- 从不在我面前争吵
- 生气时会抨击对方、冷嘲热讽或生闷气
- 偶尔在我面前争吵，但会和好

Q 就纪律问题而言，我的父母：

- 严格遵守纪律
- 放松、随意
- 对我而言，平衡了爱和界线问题

Q 说到家庭作业，我的父母：

- 并不参与
- 接受我的成绩
- 施加压力让我完成

Q 我上床睡觉的时间：

- 严格执行
- 可变动

Q 作为孩子，我感到：

- 我的父母曾偏爱某个孩子
- 我和我的兄弟姐妹得到了平等的对待

Q 对于节假日：

- 一家人一起度假很重要
- 我们一家人很少在一起

Q 就表达感受而言：

- 父母允许我表达负面情绪
- 父母仅鼓励我表达积极的情绪
- 父母并不理会我的情绪表达

Q 就物质财富而言：

- 我获得了我想要的
- 我仅得到了我需要的
- 我感到物质欠缺

Q 就亲密行为而言：

- 父母经常抱我
- 父母仅在我需要时抱我
- 父母几乎不抱我

合作的态度

如要邀请对方加入，那就并非只有你的愿望才算数。如果你和伴侣一起养育孩子，那么这位共同养育人必然也会有不同的经历，而且还会带来他/她的看法。如果你有共同养育人——不管是你的伴侣、前伴侣还是另外的家人，可能当你们一起进行彻底的讨论后，你才会意识到你们的态度有多么不同。

理解彼此的育儿理念和期望，不仅可以减少相互责备和误解，而且能够帮助你们达成一致意见，确定彼此愿意始终要求孩子遵守的一些界线。

独立完成

如果你独自一人养育孩子，就需要由你一个人来决定如何将孩子养大。但你可以不时和信赖的朋友或家人一起讨论，让他们帮助你正确地看待所面临的问题。

你的价值观

养育孩子是你将扮演的最具有挑战性，也最有回报的一个角色，如果你能够清醒地认识到自身的想法、态度和理念，这项挑战会变得更简单。知悉对自己最重要的价值观念，可以为你的育儿之旅提供指引。

育儿也是一场探索的旅程。我们出发时都怀着最美好的愿望，决心营造一个和谐的家。在这场育儿的旅程中，你需要耐心、宽容、理解，以及你能够找到的每一种优良品质。找到这些品质的难易程度取决于你个人面临的挑战、人生的波折起伏，以及埋伏在路上突然出现的种种压力。而为了能够更坚定地站住脚，不被那些烦琐、日常的“流沙”吸走，确认和强化你的个人价值观会很有帮助。

育儿使命宣言

价值观就是你内心所支持的东西，也是你希望自己被铭记的特征。你要在脑海中将这些价值观具体化，并不时提醒自己，这有助于你成为自己想成为的那种父母，并保持下去。可以把它当作为人父母的工作说明或使命宣言。

你应该与共同养育人一起进行个人价值观的内省，因为如果父母间存在分歧，孩子很可能会深感疑惑。你们的团队合作也有助于孩子理解你们对他的预期，这反过来能够让孩子更有安全感。

对你来说，什么最重要？

对页列出了很多优秀品质，如果还有你重视的品质未列出，加上即可。可以将这些价值观当作基准来回答以下问题。如果你有共同养育人，可以比较你们之间答案的差异。在了解彼此的动机后，你们就能够揭晓这些差异的根源，并知道如何折中以达成一致。

Q 针对以下各问题，请从对页中挑选出对你而言最重要的5种价值观念：

- 作为家长，哪些事对你来讲更重要？
- 你渴望成为怎样的父母？
- 你想和你的孩子建立怎样的关系？
- 如果是“理想的你”，你的行为表现应该是怎样的？
- 你喜欢听到人们怎么描述你的孩子？
- 你希望你的孩子在以后的人生中如何描述你？

聪明的
自由的
善良的
有冒险精神的
富有激情的
强壮的
认真的
健康的
有礼貌的
勇敢的
思想开明的
镇静的
温柔的
警觉的
有决心的
诚实的

育儿价值观

易相处的
善于交际的
忠诚的
自控力强的
沉稳的
宽容的
可信赖的
独立的
机灵的
开心果一般的
友好的
耐心的
幽默的
可爱的
领导者
奋发自强的
有创造力的
有自知之明的

将孩子放在中心位置

年幼的孩子并不具备理解自身情绪所需的生活经验和对其进行解释的语言能力，所以，他们用行为来“演出”自己的感受。你在养育孩子以及和他互动的过程中，应将此谨记于心，这能够在很大程度上助益孩子的心理健康。

成为以孩子为中心的家长，就意味着要感应孩子的感受，认识到他们正处于发展和形成期。就是说，当孩子的行为使大人为难时，你可以尝试倾听他们真正想说的话，而不是给他们贴上“淘气”或“执拗”的标签。比如，如果你认为自己的孩子举止失当，你可能急匆匆地想该怎么惩罚他。但如果你反过来想他是在与消极的情绪抗争，你的第一直觉就会是寻找方法帮助他摆脱这些情绪。

不过，以孩子为中心的育儿方式并非“不断让步”，或让你的孩子“自行其是”。它是指，要记住你是一个完全成熟的大人，而他还在发育之中，他现在的经历将对他成年后会成为怎样的人产生影响。

为什么共情如此重要

通过神经科学和大脑扫描技术，我们知道，充满关爱、共情式的育儿方式会对孩子情绪相关的大脑区域的发育产生积极影响。

◉ **能够更好地应对生活中的问题。**研究发现，如果在孩子感到难过时，养育者能以富有同理心的方式对待他们，孩子在学校里会过得更好，也能更好地处理压力。这是因为，当你感应孩子的情感并帮助他厘清情绪时，你已经帮助孩子建立了更好的情绪调节神经通路。

◉ **更平和的性情。**在你安慰孩子时，你还可以帮助安抚和调节他的自主神经系统。但如果你持续用尖叫或羞辱触发孩子的警报系统，认为这是一种让他“变好”或“安静”的方式，反而会强化他的原始“战斗还是逃跑”系统，使他过度警觉且容易情绪爆发。

当然，父母也绝对不可能始终满足孩子的所有需求。但是，如果在整个童年期，你都尽可能地以温暖、富有同理心的方式与他建立关系，他就很可能因此而成长为一个温暖、富有同理心的成年人。

育儿“小贴士”

可遵循一些基本的指导原则，用它们提醒自己在各种情况下该如何表现。

◉ **做一个好的榜样。**最重要的一点是，孩子是通过近距离观察和模仿父母完成大部分学

指导原则：要记住，孩子最希望的是照顾自己的大人理解自己。

习的。这很可能是孩子将成为什么样的人的最主要影响因素。保证你的行为是你乐意孩子去模仿的。

◉ **等待孩子冷静下来。**在年幼的孩子受惊、沮丧或生气时，他们的原始脑区杏仁核会被触发，而杏仁核的作用就是对威胁做出反应，这反过来导致孩子的身体和大脑充满应激激素。在这种时候，孩子听不见你要说的事情。你首先要做的是帮助他平缓应激反应，而不是用过于严厉的惩罚或喊叫导致该反应处于被唤醒状态。

◉ **同时也让自己平静下来。**感到自己被孩子的行为所刺激时，你也会失去理性思考什么是最佳做法的能力。如果你感到自己也进入了“战斗还是逃跑”模式，要暂时走开，并在恢复控制之后再进行下一步的行动。

◉ **认可孩子的负面情绪和积极情绪。**在我们听到孩子表达令人不适的情感，如憎恨或悲伤时，作为一位有爱心的家长，你往往会想让孩子摆脱这些情绪，或者告诉他们不要这样想。应做好准备去认可而不是排斥这些情绪，这样你的孩子才能处理好它们。

“差不多”家长

很多父母都感到有压力，认为自己必须做到“完美”。在一个充满竞争的世界，我们比任何时候都容易感到自己被评判、被比较。虽然听起来有些矛盾，但成为一个好家长的最好方法之一，就是不要努力去超过别人。

这一理念，即不力求完美，是“差不多”育儿方式的根本。“差不多”育儿方式是英国儿科医生兼心理分析师唐纳德·温尼科特提出的一个概念，自问世以来已得到儿童发展专家的广泛支持。这一理论解释了，为何更合理的做法是将目标定在差不多满足孩子的情绪和生理需求，以及为什么这样能够支持孩子成长为健康、具备良好适应能力的成年人上。

现在，我们往往认为父母必须擅长做每件事情，所以“差不多”听上去已经太平庸了。但对育儿来说，并非如此——面对一项富有挑战性的任务，“差不多”的做法才是保持情绪健康的方法。

“差不多”育儿方式认为，我们都有顺心的日子和糟糕的日子——而在我们犯错时，原谅错误要比内心纠结更好。始终力求完美并无益处，因为对于所有父母而言，这都是无法企及的理想状态，只会让你产生压力和焦虑。这样的目标还会损害亲子关系。

依据温尼科特医生的看法，当未达到目标时，力求完美会导致父母变得自我苛求、丧失自信，而孩子最想要的，是一个快乐、放松、充满爱的照顾者。力求完美也并未给孩子树立一个好榜样，因为这样可能会导致孩子在成长过程中对生活怀有不切实际的看法，有成为完美主义者的倾向。温尼科特医生还指出，如果父母每次都满足孩子的需求，孩子就永远不知道在自己感到厌烦、伤心或沮丧时该怎么做。

建立育儿的信心

育儿的旅途中，你经常会感到自己才刚刚熟悉孩子的一个发育阶段，事情（孩子的状态）却再次发生了变化，你又落后了，只能奔跑追赶。但你对孩子的了解——他的品性、才华和需求——都在不断扩充和变化，这些会帮助你做出更明智的决定来应对各种各样的情况，并锻炼出自信。

和孩子在一起的时光非常宝贵，所以确保

相关话题
你的价值观：第16～17页
将孩子放在中心位置：第18～19页

对于孩子，没有什么比感到与父母紧密相连而更有安全感。

每天留出这样的时间。在这些时候，放下所有其他会分散注意力的事情，确保你和孩子能够享受彼此的陪伴，享受当下。

成功的育儿过程需要“育儿团队”中的所有成员保持开放、诚实的沟通。谈论那些可能会导致彼此埋怨的问题，如怎样分担照顾孩子的任务，一起寻找保持压力水平可控的方法。

享受旅程

在源源不断地给孩子提供无条件的爱的同时，了解如何解释他的行为，并在应对各种状况时都把他放在心上。如此一来，你们的家庭生活将更安宁、更快乐。

第 2 章

孩子的
发育过程

孩子如何学习

一开始，孩子的大脑就是一团乱糟糟的等待连接的细胞。随着时间的流逝，经过重复、试错、模仿以及问题的解决，这些数以百万计的神经元彼此建立连接，且这种连接得到不断的强化。

加入孩子的学习旅程，了解他是如何随着大脑的生长和发育获得以下各领域的宝贵技能。

学会思考

孩子通过一开始就具备的感知能力来了解世界。当他还是婴儿的时候，他第一次把一块积木放进嘴里，他大脑的不同部分就记录了这块积木的味道、感觉和重量。之后，当他用这块积木搭出一座塔，他就学习了因果关系；而当他重复把积木推倒，他又了解了重力的概念。每当他这么做，他的神经元就兴奋起来，大脑细胞间形成了突触连接，负责高级思维的大脑皮层也变得更厚。

最初，他并不知道自己那么喜欢的彩色立方体有名字，因为你的语言对他来说就是乱码。但随着时间的变化，他开始识别你把积木给他时说得最多的音节，并弄清楚了它叫“积木”。随着词库的增加，他开始能够利用左侧大脑的力量来组织自己的想法。这一能力的获取也使他能够构建更长的句子——所以他能够问更多的问题，并理解你对他周围所发生事情的解释。

他开始能够运用更为复杂的句子，把自己的人生“故事”讲给自己听——这是记忆形成的开始。这一能力形成后，他就能够抓住信息，用它们来构建自己对这个世界的认识。

孩子在最初7年的大脑变化累积成他对这个世界的理解，这一理解将持续终生。

学会建立关系

还是婴儿时，孩子来到这个世界上的所有“配置”都是为了让他的需求得到满足。因为他一无所知，他以为所有事情都围绕着他转。但控制他情绪的回路在出生之前就已经铺设好了。随着时间的流逝，“发球回击”式的互动会加强这些回路：如果在你走进房间时，孩子发出快乐的尖叫，而你回以微笑和拥抱，那他大脑中这些情绪的回路就会被加强。

通过密切观察你、听你谈论自己的感受，他会逐渐明白你也有情绪。在你想让他上床睡觉而他却想熬夜时，他还会发现，他的想法和冲动并非唯一重要的事情。这一理解力被称为“心智理论”，这使他能够从别人的角度看问题，这是他开始交朋友、获得友谊的基础。

学会感受

当孩子还是婴儿时，他在一个时间段只会感受到一种强烈的情绪，每种情绪都源于他原始的基本脑区。因为他还没有过滤机制或更高级的推理能力，在他感受到某种情绪时，他就像“变成”了这种情绪。他很快意识到某些特定活动会让他感到快乐，这是因为大脑的奖励中枢会释放出让人感觉良好的化学物质——多巴胺、催产素和血清素。他也无意识地认识到，他不想做的事情会让他感到难过，这是因为应激反应会释放肾上腺素和皮质醇。

当你为孩子说出各种感受的名称，和他讨论你自己的情绪时，他也会知道有词语可以用来描述自己的感受。当他左侧大脑的皮层发育了，使他获得语言能力后，他就会发现自己能够用语言来表达需求。你和他说得越多，他越能表达自己的感受。

孩子的大脑

为了更好地解释孩子的大脑发育原理，很多科学家将之比作正在建造中的房子。按照这一比喻，我们来看看这一包含基本和复杂两个层级的神奇器官是如何塑造你的孩子的。

你的宝贝出生时，他的大脑已经有了基本的外部结构——墙壁和门，连同使之壮观、美丽所需的所有原材料——2000多亿个脑细胞。但要让它完全准备好并正常运行，还需要完成大量的“接线”工作。

在地基上建立起大脑

刚出生时，孩子大脑的地基就已经就位。这是基本的生存和生命系统所需的原始低级部分，也是我们基本情绪的来源，如生气和害怕。被统称为边缘系统的各种大脑结构，在情绪处理中发挥着关键作用，杏仁核是其中之一——这是感知危险、触发“战斗还是逃跑”反应的杏仁状神经细胞团。

随着孩子长大，大脑上面的楼层也开始建造。这是孩子进行更复杂的“高级思维”的楼层，即皮质层，它是大脑的外层，是最后进化出的部分。皮质层包括前额叶等结构，前额叶负责我们的大部分智力活动、理性思考、决策和规划。

在最初几年，特别是在7岁之前，这一上层楼层都是一个半成品。随着时间的变化，孩子的经历与互动使大脑的底层和上层连接起来，开始协同工作，就像两者之间搭建了楼梯一样。这就意味着你的孩子将获得对来自底层的原始情绪和冲动的更多控制，学会如何安抚它们。

左右脑为什么需要连接起来

在整个儿童期，还有另一项重大工程正在进行之中。就像一幢双面临街的房子，孩子的高级大脑分左右两侧，两个半脑的运作方式差异很大，但两者会同时在很多功能中发挥作用。

对于大多数人而言，左侧大脑负责更有逻辑

在大脑发育期，神经细胞以每分钟25万个的速度在增加。

在人生的最初几年，每秒钟都有一百万个新的神经连接形成——这是在人以后的生命中永远无法企及的速度。

的思维，这也是组织语言和思想的地方，右侧大脑记录情绪并识别更微妙的言语和非言语沟通。两个半脑通过“走廊”——胼胝体相连。

这一走廊的建设，虽然会持续至青春期中期，但最密集的建筑工程在2岁左右开展。随着这一走廊变得越来越宽、越来越长，孩子就越来越能够自由地穿行于大脑两侧，因此逐渐获得对情感的控制能力。

“房子”完工

这座“房子”要到成年后才会最终完工——虽然之后还会不断翻新。理所当然地，在这些楼层内有很多不同的“房间”，它们各自有很多不同的功用。如果你留心观察，想知道孩子大脑各部分是如何协同工作的，你就会看到孩子逐渐开始掌控自己的情绪，并获得了洞察力。

里程碑节点：2～3岁

知道这个年龄的孩子能够干什么，你就能和他们建立联系，并更好地解释他们的行为，走进他们不断变化的世界——他们将经历人生中最令人兴奋的一些变化。

思　维

就大小而言，2岁孩子的大脑约是成人大脑的80%。

推理、情绪和记忆全部由正在快速发育的额叶所控制。

随着脑细胞间的连接快速形成，孩子的各种技能正以闪电般的速度在发展——例如，对于语言技能，孩子每天最多可掌握8个新词。

当孩子开始叫出生活中物品的名称和认出字符，并记住它们时，孩子的想象力就起飞了。这个时期孩子会喜欢玩“过家家”类的游戏。

由于对因果关系极感兴趣，他们会好奇地想看看推倒积木塔或把水倒进罐子里会发生什么。

记忆的增长意味着2岁的孩子会在你们还没到游乐场时就说“去荡秋千”（举例）。到了3岁，孩子就会因为要见认识的人而感到激动，开始期待圣诞节和生日。

记忆增强后，孩子会期待看自己最喜欢、看了又看的绘本后面几页的图片。

建立关系

孩子语言能力的领先发展，也反映了走路和跑步技能的大幅进步。

孩子能够理解的词语要多于他们能说的。2岁左右孩子的词汇量约为50～200个。

快速扩大的词汇量意味着，快3周岁时，孩子已知道1000～2000个单词。

孩子喜欢“实况转播”，是因为他们新发现了语言的乐趣。孩子会一边玩一边描述他们正在做的事情，并练习尝试发出新的声音。

孩子的发音仍在改进之中，但孩子可能会把“k”发成“t”，比如，把“cake”（蛋糕）发成“tate”。在孩子的词汇里，有多达一半成人都难以破译。

要说出更清晰的语言，需要孩子控制语言的肌肉和大脑产生更好的关联。所以，快3周岁时，你应该能够理解你的孩子说的几乎所有的事情。

情　感

虽然这个年龄段的孩子已开始掌控自己的身体，但他们情绪控制的发展仍相对落后。情绪的成熟要依靠孩子的大脑边缘系统（参见第26页）的持续发育，这一过程在成年后才会彻底完成。

在这一控制力得到进一步发展之前，极端情绪的出现都较为常见。两三岁的孩子可能会在很短的时间内变脸，比如，从微笑变为尖叫。

这个阶段，你会经常看到孩子在练习新发展的能力，孩子希望能够展示自己不断增长的自主能力，会要求“我来做！”或发出类似的请求。

以自我为中心对于2岁的孩子来说很正常。孩子可能希望自己是发号施令的人，但也开始了解到，这个世界上并不是每个人都会遵照他的命令——而这可能就是他人发脾气的时候。

情绪的爆发很可能会在3岁时开始减少，因为这个时候孩子愈加丰富的词汇量使他们能够开始用语言表达自己的感受，并开始理解建立规则的原因。

情商的发展在这一阶段出现，孩子开始注意到其他人也有需求和情感。

到3岁时，孩子已明显开始了解自身行为会如何影响父母——所以孩子非常希望让父母高兴，虽然他们内心仍有强大的欲望想要遵从自己的冲动。

行　为

婴儿期之后，孩子的发育速度开始变慢。孩子的四肢继续变长，脑袋的大小变得与身体其他部分更协调。

快速发育的神经系统使孩子的协调能力变得更好。而随着婴儿肥变成肌肉，2岁的孩子变得更为强壮。

现在，孩子已经明显可以顺利地走路和跑步，而不再是双腿分开、蹒跚摇摆。

活动自由让孩子更为快乐，他们喜欢自发的身体游戏，如从斜坡上跑下，或玩“停—开始”游戏。

随着左右脑连接得更好，平衡能力得到提高，孩子能够往前和往上跳以及沿着直线走路。

孩子从原先的只会用同一只脚，到变得能够交替使用双脚，现在已经能够熟练地上下楼梯。

更小的动作技能得到加强，如可以用餐具自己吃饭，这得益于精细动作技能的发展。这时他们已经能够控制更大的肌肉群。

孩子的绘画技能开始发展。2岁时，孩子能够握拳抓住蜡笔，画出线条和大致的圆圈。到3岁时，很多孩子能够用拇指和食指捏住铅笔。

“ ”

孩子新获得的语言和动作技能使他能够开始探索这个世界。

里程碑节点：4～5岁

孩子现在已愈加意识到他在这个世界上的地位，开始检验自己的独立能力。他的唠叨中会充满大量“为什么”，你们的对话肯定已经是有来有往，这使你能够更加了解他正在形成的性格。

思　维

就大小而言，5岁时孩子的大脑已经大约是成人大脑的90%。

孩子的注意力持续时间、规划能力和长期记忆正在提高，这些都由已形成更多、更好连接的前额叶皮层控制。这意味着，这个年龄段的孩子可以在更长时间内集中注意力去玩玩具。

孩子的短时记忆也变得更好——能够记住更多的人和最近发生的事情，但他们可能还不清楚“明天”和“下周”的意思。通过练习，孩子还能够记住电话号码和地址。

孩子的比较技能也开始出现。在这一阶段，孩子能够在脑海里将人和物品分类，明白不同人之间的区别，并利用比较来谈论这些差异。

他们现在已经能够同时按颜色和大小将水果之类的物品进行分类。他们会对自己新获得的所有技能感到骄傲。

在孩子会使用更复杂的句子后，他们也理解了这些句子的意思。这个时候，孩子还能遵循包含两三项指令的命令，如，“把你的玩具放好，穿上睡衣，再选一本故事书”。

建立关系

由于已经能够使用数千个词语，孩子现在能够更好地参与更为复杂的双向对话。

由于孩子对口腔、舌头和声带的控制变强，孩子的语言变得更为流利；除了孩子难过或者非常激动之外，基本上他们的话都能被清楚地理解。孩子还能够调节自己的语气，例如，他们对更年幼的孩子说话时，会使用更小孩子气的语调。

随着孩子已经具备足够的词汇量来问问题，了解有关这个世界的更多事情，他们变得热衷于问各种问题。他们还能自信地回答大人提出的针对他们自己的问题。

随着孩子更了解这个世界，他们会认为打破规则或者事情不按计划进行是很有趣的。滑稽的表演、荒谬的言行和笑话能够让他们大笑。

随着孩子开始弄清楚他们在小朋友群体中的身份，友谊对他们来说变得愈加重要。

孩子开始了解社会规则，也就意味着，即使与朋友间的冲突不可避免，他们也会尽力找出与重要玩伴达成妥协的方案。

情 感

由于这个年龄段的孩子已经能够一次明辨一种以上的情绪，他们开始能够处理矛盾的感受。他们能够理解对于同一件事情可能会有两种矛盾的情感，例如，对于弟弟或妹妹的到来，同时感到高兴和难过。

孩子的“心智”继续发展，这就意味着，他们现在能够理解别人也有不同的感受和想法。但这个年龄段的孩子会通过说第一个谎来检测这一点，这是他们人生中最早出现的谎话。

孩子会检验规则执行的严格程度，虽然突破界线反映了一种反抗，但是他们仍渴望获得父母的认可。

在孩子学会理解别人的情绪时，同理心就出现了。他们会为做错事情而感到愧疚，并会认识到自己的行为究竟有没有让别人难过。

孩子喜欢通过练习帮助他人并负起责任而获得更多控制感，通常表现为玩“过家家”，扮演成年人的工作以及希望帮忙做家务。

逻辑也出现在孩子的思维中，他们可能会喜欢提出问题的解决方案。

孩子的自我控制力进一步提高，虽然他们仍然冲动。因为已可以更好地表达情绪和需求，他们现在更可能使用言语而非身体行为来表达生气。

行 为

孩子的平衡力和协调力得到进一步的提高，所以这个年龄段的孩子能够进行更复杂的身体动作，比如，换脚向上跳和向前跳，以及沿着一条比较窄的路行走。

随着孩子跑得更快、能够快速站起来，他们的速度和敏捷度正在提高，这使他们能够更快地启动和停下、用力地踢球以及快速跑上楼梯。

孩子的肌肉力量和灵活性在增加，这意味着他们能够爬上攀登架、大树等任何东西。他们的精细动作技能现在已经发展得足够好，能够自己穿衣服，虽然系鞋带和扣纽扣还是问题。

到了这个阶段，大部分孩子已经能够用成人的抓握方式握住铅笔。而且，他们能够模仿着画圆圈、方块和三角形以及字母表的大部分字母。

随着他们的手变得更为灵巧，他们能在画里添加更多细节，比如，给人加上嘴巴、鼻子和眼睛，画出更具体的画。色彩也变得更干净，与线条更贴合。

孩子正在想办法适应社会规则，
开始观察自己的行为会如何影响他人。

里程碑节点：6～7岁

到了现在，对于孩子正在成为怎样的一个人，你很可能已经有了更清晰的了解。不过，他的大脑里还有很多发育活动正在进行之中。了解这些可以帮助你更好地支持孩子追求独立，特别是在外面。

思　维

这个阶段，孩子的大脑已发育达到成人的大小。在这个年龄段，他们的思维变得更有条理、更为理性——虽然还有很长的路要走，但他们的思维与成人已是相似大过差异。

更多地使用逻辑思维，使他们开始能更好地理解这个世界的运行方式，更明白原因和结果的关系。

他们的理解力也变得更为复杂，这意味着他们现在也认识到了，事情并非像一开始看上去那样简单。

孩子的注意力保持时间进一步延长，到了7岁时，孩子已经能够在新鲜或有趣的任务上集中注意力达半小时。

孩子现在开始出现真正的阅读热情，因为他们已经能够自己解码文字。他们很可能开始喜欢阅读有更复杂故事情节的书，而且很乐于自己阅读。

孩子对数字的更好的掌握，意味着大部分7岁的孩子已能够在心里进行简单的计算。还有，他们已经能够从钟表上看时间。

建立关系

随着孩子大脑特别是额叶的发育，他们现在已经拥有另外的视角。这使他们能理解别人也有自己的想法和感受。

随着孩子运用自己对他人想法和感受的认识来交朋友，他们的友谊技能也在发展，他们也正在学习变得更有技巧。

他们对同伴压力的影响也有了更深的感受，他们可能希望有和朋友一样的衣服或玩具。

孩子现在已经明确知道对错，也知道应该遵守规则。

随着孩子能够想象进入并未发生的情境，如结婚等，他们会设计更为复杂的角色扮演游戏，取代简单的“过家家”。

随着孩子开始喜欢规则更复杂的游戏，并关心谁输谁赢，他们之间开始出现竞争。

现在孩子已经更能理解词语的双重含义，所以双关语和文字游戏开始能够娱乐他们，有趣的笑话和文字游戏颇受他们欢迎。

情 感

这个年龄段的孩子，已经能够更好地调节情感，所以他们能够满足包括老师在内的所有成年人对他们行为的更高期望。

随着孩子开始意识到自己能够保留自己的想法而不告诉其他人，他们开始出现个人隐私的意识。这种意识也发生在他们对身体的认识上，他们已经意识到自己的身体与你的以及他人的不同——他们可能开始想要更多的隐私空间，更愿意自己脱衣服或者上厕所时把厕所的门锁上。

孩子开始储存更多成熟的记忆，因为负责注意力持续时间、规划和长期记忆的前额叶皮质已发育得足够好。

现在已经可以进行规划，因为孩子逐渐掌握了高级思维，能够开始更清楚地展望未来和提前进行计划。

孩子认可自己获取的技能，因为他们希望掌握技能以获取自信。他们已经知道，擅长做某些事情可以提升自信，这也是一种社交的工具。

孩子开始比较自己和别人，因为他们开始注意到其中的差异。他们开始比较自身的能力，所以这个年龄段是孩子最初形成自我评判的时期。

行 为

孩子的独立能力不断提高，这意味着大部分孩子能在没有其他人帮助的情况下洗漱、穿衣服和上厕所。

孩子的身体技能进一步完善，因为核心的精细动作和大动作技能已经发展到位。这个时期，他们希望练习和提高这些技能，往往还热切地想要学习乐器，或发展艺术、手工技能。

孩子现在获取了更好的力量和耐力，这意味着他们开始擅长某些活动——体操、舞蹈、游泳、滑板或其他体育运动，如足球。

孩子开始表现出对自己能力的自豪感，因为他们已经了解到自己需要做什么可以变得更好，并希望向他人展现自己的技能。

这个时期的孩子爱说话，又自信，现在已经可以看出孩子将来会成为怎样的一个人。

第 3 章

2～3岁的孩子

“这是我的！”

到2岁时，“我的”很可能会成为孩子最喜欢用的词语之一，但这并不意味着他永远学不会分享。在这一早期阶段，他只是把注意力集中在自己的需求上，他需要大人来教他分享的技能。

场景 | 在某个大家约好一起玩的日子，孩子拒绝和你朋友的孩子分享他最喜欢的恐龙玩具。

他说：

“这是我的！”

你可能会想：

“我朋友肯定会认为我的孩子又小气，又不会好好玩。”

在家里，孩子会特别有领地意识，他希望掌控自己的东西和空间。这个年龄段的孩子也是冲动的，所以，他不会考虑他把恐龙抢回来后会发生什么。如果你告诉孩子必须把他的玩具递给别的孩子，他会认为自己永远也拿不回这个玩具了。

小客人想要拿你孩子的玩具，你的孩子却粗暴地把玩具抢回来了。这的确比较尴尬。但孩子不愿意分享玩具并不会让人觉得你对孩子的教养有问题。这可能会让你很难堪，但来来回回地抢夺玩具正是孩子学习分享的必经过程。

“掌握分享的技能，是孩子学会对话、玩游戏、妥协、解决冲突以及理解他人感受的前提。”

他的想法：

"这是我住的地方，
这里的每样东西都是
我的。"

在这个以自我为中心的阶段，孩子才刚刚了解所有权的概念。所以，期望他分享他刚发现的属于自己的东西，还太早了。虽然现在就可以开始帮助他学习分享技能，但是想让他高兴地与别人分享，还需要一到两年的时间。

如何应对

眼下……

①

不要过分坚持。不能强迫孩子分享。研究显示，这个年龄段的孩子不太可能在没有选择余地的情况下学会分享。如果你拿走他的玩具作为惩罚，这会加重他的担忧，他会认为别人拿走了他的东西，最后导致他的占有欲变得更强。你可以建议孩子轮流玩，因为年幼的孩子更容易接受这一点——你可以在他等待的时候唱一首比较短的歌，在唱完歌后将东西递回给他。

②

告诉孩子别人的感受。如果你和孩子仔细讲述小客人的感受，他会更好地学会分享。你可以说，"你让乔伊玩雷克斯先生（玩具的名称）时，他很高兴"，或者，"你把雷克斯先生抢走的时候，他很难过"。

③

表扬孩子的分享。在孩子和你分享任何东西时，一定要告诉他，他做得很棒——这样他下次就更有可能这么做。

长期而言……

你自己也要当一个好的分享者。教会孩子分享的重要方法之一，就是做个好榜样。在孩子看着你时，向你的伴侣借东西（数分钟），然后在还东西时展示如何说"谢谢"——谢谢你的伴侣让你用这个东西。在机会出现时充分利用它们，如分享蛋糕或在游戏中轮流玩时。

保护对孩子有特别意义的东西。如果有其他孩子一起玩，建议孩子把他最喜欢的玩具收拾起来，只把他不介意别人玩的玩具放在外面。

相关话题

"不！不！不！"：第40～41页
"一个给你，一个给我。"：第82～83页

“我要自己做！”

你摇摇晃晃走路的宝贝，正从一个什么事情都由别人代做的婴儿，变成一个什么事情都想自己做的小小孩。孩子想要变得更独立，这是自然而然发生的一步，不管这会搞得多糟，或者需要多少时间。

场景 | 孩子坚持自己倒果汁，结果洒得到处都是。

他说：

“我要自己做！”

你可能会想：

“做这些事情他还太小了。为什么他就不能让我帮忙呢？”

在孩子生命的最初几年，他完全依赖于你。现在，他正慢慢了解到自己是一个独立于父母的个体。他觉得自己已经准备好，可以有很大的独立性，而且还希望大量练习之前由大人代做的事情。

孩子已经度过了婴儿期，你感到难过是件很自然的事情。但随着孩子尝试新事物并成功做到，你也会为他感到骄傲，这会给你带来新的喜悦。让你忍住帮忙的冲动可能有点儿困难，但你所有的克制都会帮助孩子发现和构建他的自我价值。

让孩子自己做，这有助于他们培养必需的技能，
让他们成为独立自主的个体。

他的想法：

"就算我还是不断洒出来，我也不会停下来向大人求助。"

掌握一项新的技能，会让孩子感到自己很能干。在向你证明他能够做到时，他会感到很有意义、很自豪。与之相比，搞得一团糟并不那么要紧。当然，孩子在最初尝试失败后，可能会感到生气和沮丧。

如何应对

眼下……

①

不要太快介入。要抵制住为节省时间而自己动手的诱惑。干涉太多会破坏孩子的自信心，让他怀疑自己能否独立。

②

让孩子自己不断尝试。即使孩子的首次尝试是场灾难，也要让他不断尝试，这样他才能学会如何解决问题。

③

避免权力斗争。如果孩子并未处于危险之中，也不会伤害任何人，就应该尊重孩子想要做主的需求。如果你允许孩子以可接受的方式彰显自己的独立性，他会变得更加合作。

长期而言……

重视孩子的帮忙。这个年龄段的孩子希望给你帮忙。所以，如果孩子想把自己的盘子放到洗碗机里，或者要求帮忙拿购物袋，你要给他机会，并表扬他的努力。

提供更小的分步任务。在孩子决心自己独立完成某事时，他们容易贪多。帮助他把事情分成更小的步骤以掌握技能。例如，先把果汁倒到适合孩子用的小罐子里，然后再让他把果汁倒到自己的杯子里，而不是看着他和一大盒果汁"打仗"。下一次则可以主动提出在他倒果汁时帮忙拿稳他的杯子。

相关话题

"爸爸，坐那里！"：第48～49页

"这个是用来干什么的？"：第80～81页

“不！不！不！”

到2岁时，孩子很可能开始会发脾气了。虽然这些情绪爆发会比较强烈、让人不快，但这在孩子的发育过程中是很正常的。孩子正在以他知道的最佳方式处理这一情况，你需要知道什么时候应该介入其中去帮助他。

场景 | 你需要马上去商店，但孩子不肯去。

他说：

“不！不！不！”

孩子发脾气，通常是因为他不堪承受情绪（感受到很大的压力，不知道该怎么办）或感到沮丧（被阻止做什么事情或无法获得他想要的东西）。不管是哪种情况，由于孩子的高级大脑功能还未发育好，他无法以另外的方式来处理这些强烈的情感。

相关话题

“不要西蓝花！”：第42～43页
“我现在就要！”：第66～67页

你可能会想：

“他为什么非得把这么简单的事情搞得那么难呢？我都不知道该怎么办了。”

他的想法：

“我不想去！我想待在这里玩。”

孩子第一次大发脾气可能会让你感到震惊，甚至会吓到你；而如果这种情况发生在公众场合，还可能会让你感到难堪。而当孩子拒绝了你所有的要求后，你可能会恼怒。但这些情绪爆发并非孩子在故意蔑视你，他只不过是无法用言语表达自己的想法。

不管孩子是感到沮丧还是觉得不堪重负，与他情绪爆发并存的一个事实就是，他无法用言语来有效地表达自己的感受。发脾气是他所知道的能够应对这一情况的唯一方式。随着时间的推移，在你的帮助下，这样的情绪爆发会减少甚至消失。

如何应对

眼下……

①

安全第一。确保孩子不会受伤，也不会伤害任何人或损害任何东西。你可能需要清理干净某个地方，或者带他离开当时的情境。

②

待在附近并保持镇定。待在附近，但不要尝试和孩子说话、讲道理或进行眼神接触。如果你保持镇定，孩子也会更容易镇定下来。

③

在孩子快恢复时给予安慰。当最糟的情况过去，孩子开始平静下来或寻求你的安慰时，你要用柔和的话语和温柔的触摸安抚他，鼓励他用更镇定的方式做出应对。

长期而言……

守住合理的界线。确保发脾气不会成为孩子获取他想要的东西的有效方法。

使事情变得可预测，并让孩子有控制感。形成惯例，提供两个选择，预先提醒变化，并告诉孩子要参加新的活动——这些都可以避免孩子发脾气。

“不要西蓝花！”

在孩子刚断奶并开始吃固体食物时，他很可能会很高兴地大口吞咽你喂给他的大部分食物。但到2岁时，他会变得更挑剔，以此来检验自己新获得的独立性，他可能还会拒绝你现在给他的某些食物。

场景 | 孩子在玩食物，而不是吃食物。

他说：

“不要西蓝花！”

孩子天生对新食物持怀疑态度，而且，由于他的味觉非常敏感，有些食物可能尝起来并不那么美妙，有些蔬菜的风味对他的味蕾来说太强烈了。

你可能会想：

“我花了那么长时间做饭，结果却不是他想吃的。我没有好好地喂养他。”

在我们的观念中，食物通常代表着爱，所以在孩子不肯吃饭时，你会感觉这是一种拒绝。如果你特意烧了些特别的食物，孩子却不买账，这会更令人沮丧。不要在一顿饭上纠结，孩子会在一天中获得足够的营养。

让孩子知道吃饭时间也可以交谈和尝试新事物，这样他会与食物建立积极的关联。

他的想法：

"吃饭时能自己做主太好了。看妈妈清理我弄掉的食物太好玩了。"

孩子正处于感官高度敏感的时期，希望用手探索新的材质——包括食物，也希望在吃饭时由自己做选择。所以，他可能更喜欢用手指挤压食物，而不是吃它们。孩子会玩食物，也是因为他本身就是小小科学家，比如，通过让食物掉到地板上来观察重力的作用。

如何应对

眼下……

①

提供更少的食物。如果盘子里堆满食物，看上去就会让人气馁，你可以提供小份的食物，并在孩子吃完后再添加。让孩子再多吃一点，同时让他自己对吃饱的感觉做出反应。千万别坚持让孩子吃光盘子里的食物，如果孩子不再吃东西，而只是在玩，就拿走食物。反正离下一次吃饭不会太久。

②

和孩子一起吃。即使你要晚些时候再吃，也要坐下来吃一点相同的食物。看着你享用食物，孩子会从食物里获得更多快乐。

③

保持中立。不要过分表扬孩子吃蔬菜。如果你没有唠叨、生气或感到难受，这一阶段很快就会过去。研究发现，如果家长没有把孩子不吃蔬菜当成什么大事情，孩子吃的蔬菜会多得多。

④

避免贿赂。要忍住把甜食作为奖励的诱惑，也不要威胁孩子拿走好吃的东西，直到他吃完蔬菜。否则你会让孩子产生吃蔬菜是一种惩罚的想法。

长期而言……

尝试、尝试、再尝试。研究发现，小孩子往往要尝试食物15次后才会接受它们。你除了知道孩子会吃的食物，还要不断提供新的食物。

相关话题

"不！不！不！"：第40～41页
"再吃一个，好不好？"：第58～59页

外出吃饭

在过惯了天天做饭又要在饭后清理许久的日子后，外出吃饭成为再好不过的中场休息。餐厅和咖啡厅提供了让孩子们锻炼社交技能、了解在不同场景中如何行事的机会。

外出吃饭成为一个好机会，因为不必担心做饭的问题，可以让一家人放松心情、联络感情，还可以和孩子聊聊天，让他感到受重视，让他知道自己也是家里的一员。

积极参与

虽然外出吃饭可以节省时间，但如果孩子不愿意安静地坐着，或者在其他用餐者边上吵吵嚷嚷，这也可能是充满压力的一种体验。事实就是，对于孩子来说，从在家里吃饭，到举止得当并习惯于像大人一样长时间安静地坐着就餐，是一种巨大的进步。遵循对页的几项原则，以最好、最简单的方式完成过渡，使外出吃饭成为一家人一起放松的时刻。

要对孩子准备做什么保持切实的想法，将这一远离家务琐事的时间看作建立家庭关系的机会，这时候，你可以把注意力放在孩子身上，而无须面对日常生活中会导致分心的种种干扰。

1

寻找对家庭友好的场所

从亲子餐馆或场所开始，这些地方本来就很吵闹，可以淹没你的孩子造成的任何喧哗，而且还有儿童菜单以及更放松、更热情的服务员。

4

清理桌子

年幼的孩子对一切新事物都很好奇。让服务员把糖包、玻璃杯或调味料等一切会被抓握、洒出或摔碎的东西拿走。

6

选择时间

孩子还小时，选择在他午睡后或者客人更少、服务员更有空的非高峰时间去。

9

细心挑选桌子

要求使用一张角落里的安静的桌子或者包间，这样你不会在孩子激动兴奋时太引人注目。

最佳做法：

十项关键原则

2
谈论规则

在出门之前，向孩子解释：要像在家里一样，他们应坐在自己的椅子上，模仿大人坐好，使用“室内”而非“室外”的喊叫声。

3
及时关注

当孩子安静或等得不耐烦的时候，不要忽视他，可以和他玩游戏或交谈。像“我发现”这样的游戏可帮助孩子了解他周围发生了什么。

5
一次吃一道菜

如果孩子在自己的儿童餐椅上扭来扭去，只能坐20分钟，你就不要期望到餐厅时他能够在整顿饭的时间里都坐得住，可以从只吃一道菜开始练习坐得住。

7
留意好的行为

表扬孩子做得好的地方，不论是吃东西时紧闭嘴巴，还是使用餐巾防止食物掉落到衣服上，这样孩子就会继续保持这些行为。

8
不要求助于手机

虽然手机可以让你的孩子安静下来，但是把手机递给孩子就传递了这样一种意思：这是他可期望的让自己保持安静的默认做法。你的孩子还会因此将外出吃饭和看屏幕时间联系起来。

10
示范餐桌礼仪

让孩子学习餐桌礼仪的最好方法，就是向他展示你的礼仪，并尽可能经常一起吃饭。保持耐心，你的孩子最终会学会举止得当，外出吃饭将成为令人愉快的家庭时光。

各年龄段的

针对性建议

2～3岁

过家家。可以在家里玩“在餐馆过家家”的游戏，帮助孩子了解餐厅是如何运作的，以及人们应该有怎样的举止。

获取支持。再找一个成年人一起去，这样你们其中一个人可以在孩子开始闹脾气时带他出去走一走。如果这时只吃到一半，回来后再把饭吃完；如果已经差不多吃完了，就可以结束用餐了。

4～5岁

新口味。让孩子继续吃他最喜爱的食物，这可以保证一切顺利，但可以邀请孩子尝尝你餐盘里的新口味，让这成为外出吃饭的乐趣之一。

餐具礼仪。大部分孩子的协调能力还在继续发展之中，要做到像成人那样握住餐刀，他们还需要练习，让他有机会像大人一样吃饭。

6～7岁

我要……这个年龄段的孩子可以自信地和自己不认识的大人说话，所以让孩子自己点餐是锻炼社交技能的好方法。

示范礼貌。利用外出就餐的机会，向孩子说明对服务员说“请”和“谢谢”是多么重要。

“蓝色的杯子。不，黄色的杯子。不，还是蓝色的。”

在这个阶段，孩子刚发现他可以有选择，而且很享受发表意见的乐趣。而让他在面临选择时下定决心做出抉择，是一种全新的体验。正常情况下孩子是冲动的，但他们也正慢慢地习惯新的观念——必须承受自己做出决定所带来的结果。

场景 | 孩子无法决定带哪个杯子和自己一起乘车出行。

他说：

“蓝色的杯子。不，黄色的杯子。不，还是蓝色的。”

这个阶段，孩子开始挑选自己的东西，感到自己是个大孩子了。但在这个年龄段，他还不知道哪个选择让他感觉更好。他并不是在捣蛋或挑剔，这样的踌躇不决在孩子的发育过程中再正常不过。他需要知道的是，并不存在错误的决定。

你可能会想：

“已经好久了。为什么他就不能干脆点儿做出决定呢？要不还是我给他做决定吧。”

就算是对于成年人而言，做出决定也并不是一件容易的事。所以，当孩子仍在练习的时候，你会觉得他花了太长时间。但你要忍住催促的冲动，不要替他做决定。你的耐心会得到回报，因为孩子的决策能力会因此得到提高。

相关话题

“不要穿外套！”：第50～51页
“我还没玩好。”：第68～69页

他的想法：

“我想不出来选哪个杯子会让我更高兴。”

有那么多选择，还要权衡它们的优缺点，不论是吃的、玩的还是杯子，都让人感到有些不知所措。而在你的孩子感受到压力或疲惫时，这种选择会更难作出。如果他还在担心什么事情，如要开始上托班了，他就更没法做出决定了。

如何应对

眼下……

①

提供用词。使用“选择”“挑选”和“更喜欢”等作决定的用语，这样孩子就能表达做出选择的感受了。

②

把决定置于环境之中。选择鲜有正确和错误之分。即使孩子并未获得他想要的结果，他也会从自己的错误中吸取教训。

③

表扬孩子的选择。在孩子做出困难的决定后，让他安心，相信自己做了好的选择，这样可以提高他的自信心。

长期而言……

缩小范围。太多的选择会让年幼的孩子感到不知所措。不要提供大量选择，通常情况下最好是仅给两个选项，特别是在你有急事的情况下。

示范决策。大声说出你在一天中做出的各种决定，不论是决定穿牛仔裤而不穿短裤，还是选择烤土豆而不是做面食。让孩子听到你如何权衡各种选择的优点和缺点。

“爸爸，坐那里！”

孩子生活在一个不断被成年人告知自己该怎么做的世界里。现在，孩子已经能够更为清楚地表达自己的意愿，他正在经历一个由他发布命令的阶段。

场景 | 在家里吃饭时，孩子指了指他希望你坐的座位。

他说：

“爸爸，坐那里！”

你可能会想：

“发号施令的人难道不应该是我？”

孩子认为这个世界是围绕着他转的。而且，他现在的语言能力已得到发展，可以用两三个词串联起句子，所以能够明确地发布命令。这使他有机会反过来看看能否主张自己的意志以及你会不会服从他的命令。

当你的孩子开始表现得像个“小独裁者”时，你可能会觉得有些好笑，甚至是觉得可爱。但随后你可能会担心，如果自己任由他指使，他会变成“暴君”。请放宽心，孩子此时的专断正是他自信心不断增长、语言技能不断发展的标志。

孩子想要获得“作威作福”的感觉，这反映了他不断发展的语言技能和想要让自己的世界变得可预测的需求。

他的想法：

"我喜欢东西保持原样，这让我感到安全。"

随着孩子开始理解自己在更广阔的世界中的位置，他可能会觉得这个世界太大、太吓人了。可预测性使他有安全感，他可能特别希望在过渡期间有相同的仪式，如吃饭，因为从一项活动转换到另一项活动会耗费很多精力。

如何应对

眼下……

①

认可他的愿望。 虽然最终由你做出决定，但也要留意并考虑他的要求，让他知道你在倾听。如果你需要坐到别的地方，可以说："你现在说话说得真好，我知道你想告诉我坐哪里，但我今天要坐在这里帮助妈妈拿吃的。"

②

轻描淡写。 幽默一点，让氛围轻松一点。尝试将孩子的命令改述为："所以你今天真的想让我坐在这里？"然后一屁股坐到地板上。即使是年幼的孩子也懂得这种做法的荒谬之处，看到事情有趣的一面，有助于转移他的注意力。

长期而言……

不要将之视为一场战斗。 要考虑到，这只是一个用词的问题。孩子的社交和语言技能仍在发展之中，所以他还没有学会有礼貌的交际手段。他仍在继续获知"其他人有和他不一样的想法和感受"这一事实。

示范如何有礼貌地做出请求。 你在每次提要求时使用礼貌用语，帮助孩子将"请"和"谢谢"加入自己的词汇中。

表扬孩子的灵活变通。 如果孩子发布了命令，但在你向他表明他的方式并非唯一的方式后，他接受了这一点，那么可以表扬孩子所做出的妥协。

相关话题

"不要西蓝花！"：第42～43页
"我不喜欢她。"：第60～61页

“不要穿外套！”

随着孩子进一步提升自己穿衣服的能力，并希望变得更为独立后，他们会在能够自己决定穿什么时感到很威风。但到底何时让孩子自己决定，何时坚持让他按你说的做？这是个有点儿棘手的问题。

场景 | 你们正要出发去公园，外面很冷，但孩子却拒绝把外套穿上。

他说：

“不要穿外套！”

你可能会想：

“即便他不这么固执，出门也已经够麻烦的了。而且，外面真的很冷。”

即使是像去一趟公园这么简单的出行，也需要准备好各种相关的物品，而出门时又遇到了额外的阻碍，这实在太让人泄气了。但是，应该避免把孩子拒绝穿外套看作他在挑衅你的权威，相反，应将这看作孩子发展独立性的必经阶段。

如果孩子的衣服穿得不合适，你会担心他感冒，或者怕其他人认为你做得不称职，虽然你已经尽了全力。但应该知道的一点是，孩子对温度的感觉有时候不如大人——他们需要保持暖和的皮肤面积要更少，身体代谢也更快，而且还更好动，所以不要担心太多。

“以防万一，给临出门前这个点预留更多的时间，因为孩子很可能会尝试一下自己做主的感觉。”

他的想法：

“我不喜欢被绑起来的感觉，穿那件外套我就动不了了。”

和大人一样，孩子也有自己最喜欢的衣服。对于孩子来说，这通常与是否舒适以及是否方便运动有关。有些外套会让孩子感到被束缚住了，而有些布料会在接触孩子敏感的皮肤后让他们感到发痒或不舒服。

相关话题

“我要自己做！”：第38～39页
“不！不！不！”：第40～41页

如何应对

眼下……

①

保持镇定。不要喊叫，而是应该蹲下来轻声说话。如果你恼怒了，这就变成了权力之争。

②

认可他的感受。告诉他：“我知道今天对你来说有点儿麻烦。如果你愿意，我可以帮你决定在外面穿什么。”允许他说出想说的话，这样他很可能会放松下来。或者给他两件外套，方便他进行选择。

③

让孩子知晓后果。如果安全，可以考虑让孩子自己弄明白冷是什么感觉。备上一件外套，或者，由于热量从头部和颈部散发出去，可能只需要准备围巾和帽子。

长期而言……

稍候再让他选择。在极端天气下，告诉他你没法让他自己选，因为今天他需要穿特别暖和的衣服。但在不那么重要的情况下，放松一点儿——比如，在睡觉前选睡衣。这样，你既设定了界线，也认可了他的选择。

选择舒适的衣服。如果你给孩子买新外套，先让孩子试穿看看是否舒服。二手的衣服是个很好的选择，因为它们被洗过很多次，不那么硬，也比较宽松，所以领口能够轻松地套过孩子的头部。最好把可能把孩子惹毛的任何标签都剪掉。

“妈妈，不要走！”

孩子的生存本能意味着他的原发状态就是希望待在你的身边。当你必须离开他时，不管他和谁在一起，你们之间的这一纽带都会导致分离焦虑，使你和孩子都非常难过。

场景 你要快速出门去上一堂健身课，奶奶前来照看孩子，但在你离开时孩子却挂在你身上不肯分开。

他说：

“妈妈，不要走！”

你可能会想：

“我只出去1小时。在他恳求我不要去时，我感到非常愧疚。”

任何东西都比不上父母给予的爱和照顾。即使到了这个年龄，孩子已经知道你不在他的视线时你并未消失，他也会在你离开时进行反对和抗议，因为你才是最让他感到安全和被爱的人。

你可能会感到愧疚，觉得自己应该在家里，而不是去健身房。由于孩子具备探测你情绪的灵敏“天线”，如果你感到难过并不断看着他，他收到的信息就是，“你走之后，有什么东西需要担心”，所以他会保持不让你走的状态。

让孩子定期锻炼和其他人在一起，这能让他学会如何在没有你陪伴的情况下淡定自在。

他的想法：

“妈妈离开后，我感到很不安。我希望她在这里，一直都在。”

孩子的反应取决于他对变化的敏感程度，以及他之前的经历——你离开后他与其他人待在一起的时间是难过的还是高兴的。到目前为止，他主要习惯于在家里和妈妈或爸爸待在一起。所以，面临没有你陪伴这项挑战，他反而更想把你当作自己的安全依靠。

相关话题

“我不喜欢她。”：第60～61页
“不要妈妈，要爸爸。”：第72～73页

如何应对

眼下……

①

表现出对照顾者的信任。孩子会从你身上获取线索，所以你要有信心，要微笑，让他和奶奶一起聊天，说说两个人都喜欢玩的游戏，以及他们将一起做的有趣的事情。（这一方法在上幼儿园时也很有效。）

②

转移注意力。快速行动，让孩子把注意力从难过的情绪转移到其他事物上。唤起孩子的好奇心，比如，可以让他看看自己能玩的玩具，以及可以和奶奶一起看的书。

③

避免“依依惜别”。和孩子笑一下、拥抱一下，告诉他你会在他游戏时间结束后回来。充满信心的告别会让他安心，让他相信没有你他也会很好。

长期而言……

锻炼短时间的分离。每次都把分离的时间拉长一点儿，这样，孩子就能学会自我安抚，调节自己的感受，习惯你不在身边的情况。你们两个人都会知道，在没有对方陪伴的情况下，大家都会好好的。锻炼得越多，你们的分离焦虑就会越少。

让分离可预测。如果每次分离都是计划好且可预测的，那么说再见就会容易得多。你可以抱一下孩子并亲两下，告诉他你回来后两个人要干什么——比如，要去公园，这样孩子就有实际可期待的事情。

孩子打人、咬人怎么办?

虽然对家长来说，亲眼看见孩子打人、咬人有点儿令人惊心，但孩子间的攻击和冲突是他们发育过程中会出现的典型行为。随着孩子学会自我控制以及学会用语言技能，而非用暴力来解决冲突，这种行为通常会消失。

在两三岁时，孩子可能会咬人或者打人——借此来释放他的沮丧情绪、维护自己的地位、应对不知所措的感受，或在玩具争夺中保护自己的领地；也可能是因为他感到自己被逼得走投无路了。打人和咬人，还有掐和踢等其他身体反应，通常是因为孩子的高级思维技能还在发育之中，不够成熟导致的，孩子无法克制自己想要攻击人的原始冲动。

然而，这样的行为可能会成为父母焦虑的来源，父母会为孩子的行为感到羞愧，或担心孩子在幼儿园里被当作刺头，或在大家一起玩或聚会时不受欢迎。

通过了解身体攻击背后的原因以及具体的应对方式，你可以教会孩子，在感到自己想要攻击别人时用不同的方法来识别，并处理自身的强烈情绪。

“很多小孩子都会在学习自我控制的过程中出现咬人、打人等攻击性行为。”

1

把自己代入孩子的角色

可以想象，如果另外一个成年人抢走你最珍视的财富，你会如何反应。这样你就会理解，对于一个在很大程度上仍在依赖本能的孩子来说，在别的孩子拿走他最珍贵的东西时，他想克制住不报复有多难。

4

要求孩子使用逻辑思维

在事件结束后，让孩子讲述自己可以在哪些地方做得不一样。这有助于孩子使用理性思维，掌控自己的冲动行为。

7

看看有无其他因素

孩子可能是饿了、累了，不知道该怎么办，或者是因为吃了太多糖而过于兴奋，却又不具备表达这些需求的词汇量。让孩子保持稳定的作息习惯，这样情绪突然爆发的可能性就会比较小，也就不容易出现打人、咬人行为。

最佳做法:

八项关键原则

2

更多地关注受害人而非打人者

先问被攻击的孩子是否还好。这会给你的孩子发出信息，即如果他咬人或者打人了，他并非得到关注的那个人。

3

立即介入

在孩子攻击时，他的“战斗还是逃跑”反射系统已经启动。所以，不要喊叫和加剧孩子的压力水平，带走他，看着他的眼睛说：“不，这是不行的。你可以生气，但你不能打人。”

5

给予积极的关注

孩子希望自己的父母关注自己。如果孩子感到父母没有关注他，他可能会借助于极端的方式，而打人必然可以得到关注。对于一个孩子来说，即使是充满怒气的关注也比没有关注好。

6

留意好的行为

要养成习惯去留意孩子表示善意、分享或和其他孩子玩得好的时候的表现，这样他会知道，这才是你期望的行为。

8

给孩子提供替代方案，向孩子展示如何以不同的方式处理各种情况。当他注意到自己有生气的想法时，建议他做几次深呼吸，或用言语表达自己为什么难过，或向大人求助，或换个人玩。

各年龄段的

针对性建议

2～3岁

别人不知道你的心思。孩子可能还没有意识到，在一起玩时，他必须告诉别的孩子自己喜欢什么、不喜欢什么。向他表明，表达自己的意愿是一件好事情。

到外面去。如果没有大量体力游戏来释放孩子的精力，他们更可能打人和咬人。

4～5岁

奖励性解决方案。这个时候，孩子更多地在学校里和别人在一起，如果他出现打人行为，可以做一张星星表，在他用自己的双手帮助别人而不是打人时，给予星星奖励。

练习策略。通过角色扮演来帮助孩子思考和练习避免出现暴力的策略。

6～7岁

额外的帮助。如果孩子的打人行为到现在都没有消退，观察孩子和别人在一起时的情况，看看他是否需要有关如何与别人相处的更多指引。

是不是在打闹着玩?男孩子更容易和别的孩子打闹磕碰，这导致父母不知道该何时介入。如果所有人都在笑，那很可能性质并不严重。

“我要你的手机！”

屏幕色彩艳丽的手机对孩子有着很大的吸引力，所以，在孩子易怒或厌烦的时候，你会想把自己的手机递给他，这很容易理解。但为孩子的认知发育和社交能力的发展着想，最好在孩子还小的时候就限制他使用手机的时间。

场景 当你们正在餐馆等候午餐时，孩子问你他能不能玩你的手机。

他说：

“我要你的手机！”

不管你现在有没有在用手机，孩子已经注意到大人往往会花大量时间在手机上，他只是想和你一样。在孩子眼里，手机是高科技终极玩具。如果你允许他玩手机，他会将之视为每次娱乐时的必需品。

你可能会想：

“我的手机会在上菜之前吸引他的注意力，如果我说‘不’，他可能会发脾气。”

干脆屈服于孩子的要求，而不是直面他的大发雷霆——你可能很难忍住不这么做。你也可能将此看作一次让自己休息的机会，或者认为某个学习App适合孩子。但把手机递给孩子就是在告诉他，这个小玩意儿比人更有趣，你很高兴给他这个以换取自己的时间和注意力。

相关话题

“我现在就要！”：第66~67页
“这个是用来干什么的？”：第80~81页

他的想法：

"玩爸爸的手机很有趣。
我喜欢这些图片。"

随着手指点击手机出现的鲜艳颜色和图形，会刺激孩子大脑中的奖赏通路。这种即时反馈会导致年幼的孩子更喜欢玩手机，而不是与现实世界互动。

孩子的大脑仍在快速发育之中，让这一发育通过孩子与人而非手机屏幕的互动来完成。

如何应对

眼下……

①

不要让手机出现在视线范围内。示范如何健康地使用手机；和孩子在一起时，将查看社交媒体软件和电话的行为保持在最低频率。孩子的大脑天生更适合通过面对面的互动去学习。

②

说"不"。要明确你的手机并非可选项之一。虽然它看起来效果很神奇，能够安抚脾气不好的孩子，但对手机屏幕的使用设定清晰的界线宜早不宜迟。

③

享受当下。孩子正在经历关键的认知发育过程，所以向他展示在你的周围有很多可看、可谈论的事情。不要让他把时间消耗在屏幕内容上，而是要聊天、玩一对一的游戏，或者给他点儿东西画一画，这些都有助于他练习自己不断发展的语言和动作技能。

长期而言……

不要让手机成为他的玩具。如果你把手机递给孩子，将之作为他厌烦时的默认玩具，他就不会运用自身的资源，如使用自己的想象力或者对周围的事情表现出好奇心。

不要相信手机会让孩子变得更聪明。并没有任何证据显示有任何手机App能够增强这个年龄段孩子的认知能力；而已有的大量研究显示，在这个年龄段，不与大人互动和建立联系，是导致孩子语言和社交能力发展迟滞的因素之一。

“再吃一个，好不好？”

孩子很想自己选择想吃的所有食物，但在这个年龄段，他们仍在学习管理自己的冲动。当孩子获得了对食物的更多控制权后，他便开始与食物建立关系，而这将影响他终生的饮食习惯。

场景 | 孩子请求再吃一个纸杯蛋糕。

他说：

“再吃一个，好不好？”

有些食物特别美味，孩子很难抵制诱惑。吃甜食对孩子来说是一种强烈的感官体验。孩子对甜食的偏好是普遍性、天生的，这可能是为了确保他们能够接受甜味的食物（如妈妈的奶），以及避开可能有毒的苦味食物。

相关话题
“求求，求求你了。”：第70～71页
“不要在墙上画画。”：第174～175页

你可能会想：

"他已经吃得够多了。如果他继续这样，我担心他会发胖。"

无须担心孩子是有意贪吃。他只是在享受甜食，但不知道界线在哪里。给孩子示范如何对食物保持轻松、无压力的态度，这至关重要。你所说的和所做的，都会影响他对食物的认识。

他的想法：

"为什么妈妈不让我再吃一个呢？"

如果纸杯蛋糕很美味，孩子会认为没有理由停下来不吃它们。他还没有学会感应身体的信号——他已经吃太多甜食了。他需要引导才能开始识别身体在吃饱时给出的信号。

如何应对

眼下……

①

解释你为什么拒绝。以中立的态度向孩子说明：他吃各种各样不同的食物很重要，这有助于他长得健康、强壮。要向他解释，虽然甜食尝起来很美味，但他的小肚子需要为其他食物留出空间。

②

区分"嘴巴饿了"和"肚子饿了"。帮助孩子解释他自己的食欲信号。是肚子饿了，还是小嘴巴饿了？把这表达为选择，这样他就能够学会注意身体的信号，自己做出正确的决定。

长期而言……

不要把食物和情绪联系起来。避免提供食物（尤其是甜食）作为良好行为的奖励，或者作为孩子难过时的安慰。建议和孩子一起做游戏或活动。

购买你无须加以限制的食物。让孩子可以自主地获取各种"随时可吃的"健康点心——你知道他喜欢这些点心，且对孩子吃不吃不加限制。如果你在房子里存放高脂、高糖的食物，即使孩子拿不到，他也会不断地讨要。

安排得当。为让美食不那么重要，安排规律的一起坐下吃饭的时间。任何在正餐之前吃的零食都应在餐桌上吃，这样他就不会心不在焉地吃东西。

“我不喜欢她。”

随着孩子长大，你可能需要在更多的时间里把他交给其他大人照顾，如临时保姆或幼儿园的员工。你的孩子需要时间去信任其他大人，并习惯由他们照顾自己。

场景 | 孩子说，他不想和保姆在一起，虽然昨天还好好的。

他说：

“我不喜欢她。”

你可能会想：

“这真令人尴尬。也许我应该考虑换一个保姆了。”

孩子天生就依恋你、不信任陌生人，因为你是最可能保护他的人。他还可能担心，如果你不和他在一起，你就会永远消失。随着时间的推移，他会知道你总是会回来的。

如果你担心孩子会伤害保姆的感情，你可能会忍不住要让他噤声，或者告诉他，他其实喜欢保姆。如果孩子拒绝所有其他可能的照顾者，这的确有些令人沮丧和难过。

如果有你做他的安全后盾，对于由别人照顾他这件事情，孩子会更有信心。

他的想法：

"这个人没有爸爸妈妈那样懂我。"

在这个年龄段，孩子表达自己的喜好是很正常的，而且这些喜好可能每天都在变化。因为你的孩子仍处在了解"其他人也有情感"这一事实的过程中，他还没明白自己的话可能会伤害别人。除非他有实际的不喜欢他的照顾者的理由，他很可能只是在表达他更喜欢你的意思，因为你让他更有安全感。

相关话题

"妈妈，不要走！"：第52~53页
"我想要抱抱。"：第90~91页

如何应对

眼下……

①

认可孩子的感受。把孩子带到保姆听不见你们说话的地方，这可以让你们的压力都缓解一些。谈论勇敢，比如，"你是一个强壮、勇敢的孩子，你能够做到的"，告诉他，适应新的情况是一项挑战，对此你很理解。

②

重申你对照顾者的信心。在不否认孩子感受的情况下，向他表明你信任保姆，相信保姆能够照顾好他，这样他也会变得更有信心。

③

明确说明你会很快回来。使用具体的事件解释你要去哪里以及要去多久，比如，"午饭后"或"喝茶前"，说你很期待能在再见到他时和他一起玩特别的游戏。

长期而言……

尝试理解孩子的不安。弄清楚孩子拒绝他人的照顾是因为难以接受分别，还是因为他觉得在那里不安全、不快乐。你在离开后，可以走到能看见孩子的某个地方，看看他有没有安静下来。

向保姆提供详细信息。提供有关孩子的尽可能多的信息给孩子的照顾者，帮助保姆建立自信。看看保姆是想知道更多信息，还是不感兴趣，因为这可能就表明了他们和孩子在一起时的样子。虽然你的孩子需要一定时间去调整和适应，如果他继续在你离开他时抗议、藏起来或变得内向，你也需要考虑一下眼下的安排是否恰当。

害羞

一般来说，害羞的孩子天生就带着一些更敏感的性情。这些孩子在接触生人时可能会“启动”得慢一些，但随着时间的推移，他们能够学会习惯自己不熟悉的情况。

研究显示，害羞远算不上需要“矫正”的问题，害羞的孩子往往是很好的观察者，他们只是在与生人建立关系时慢热而已。

科学家们发现，即使还在妈妈肚子里的时候，对于性情害羞的孩子，他们的心跳也要比别的宝宝快一些，这些婴儿所占的比例是10%～20%，他们天生就有被唤醒程度更高的神经系统，更容易在新环境中感到焦虑。

他们可能就是那种无法很快对陌生人微笑，以及长大后与不认识的人交往时更容易踌躇不前的孩子。

研究已发现，对于害羞的孩子，他们大脑中感知危险的杏仁核更容易被激起，从而导致更多的焦虑反应被触发。而且，害羞的孩子经常会成长为体贴、富有同理心的人，他们更少说话，更愿意倾听。

1

避免贴标签

如果接触新环境后，孩子躲藏在你身后，不要向其他人说“害羞”来表示歉意。这样贴标签，会让“害羞”听起来是一个负面、固定的性格特征。

4

告诉孩子你理解他的感受

不要强迫孩子走出他的保护圈，相反，要表现出你对他的理解。你可以告诉他，你知道有时候加入新认识的人、和他们谈话需要锻炼，而且在某些新环境中，你也会感到害羞，但这种感觉在你说一些话后往往就会缓解了。

6

鼓励孩子锻炼

和孩子解释，就像肌肉通过锻炼会变得更强壮一样，社交技能也会随着练习得到改善。

最佳做法：

八项关键原则

2

重新定义害羞

在和你的孩子首次见面时，其他大人可能会说他害羞，以此来解释他为什么不太友好。你可以在此之前就说孩子喜欢慢慢观察新环境，从而避开其他人的这种描述。

3

让孩子做好准备

你的孩子对要暴露在新环境中感到担忧，比如，要开学了，但如果他知道会发生什么，这种忧虑就会得到缓解。在开学、参加婚礼或聚会等大型社交活动之前，可以与孩子谈谈活动会涉及哪些事情。

5

教会基本的自我介绍技能

害羞仅仅是在开始时阻碍交朋友的障碍。为帮助孩子绕开它，你可以向他展示如何在和人们见面时，通过微笑、开放的身体语言以及用名字介绍自己来表示友好。

7

角色扮演

害羞的孩子特别担心说错话或者做错事。你可以用玩具做角色扮演的游戏，比如，在学校遇见生人或者去参加生日聚会时该怎么办，从而帮助孩子变得更自信。

8

好的榜样

孩子大脑中的镜像神经元可帮助他通过观察和模仿你以及其他照顾者的行为来学习社交技能。你友好对待新认识的人，并表现出良好的举止、善于为他人考虑的一面，会给孩子树立一个好榜样。

各年龄段的

针对性建议

2～3岁

安全范围。在这个年龄段，你可以在牢牢抱着孩子（或让他坐在你的大腿上）的状态下把他介绍给别人，这样他就能先观察、习惯周围的环境。

减少分离焦虑。如果孩子开始更多地由别人照顾，可以按照第53页的步骤缓解分离焦虑和任何过度的依恋。

4～5岁

练习课。寻找机会让孩子进一步完善自身的社交技能，如通过电话和亲戚说话、在商店里付钱买东西，以及和陌生人说“请”和“谢谢”。

来来往往。现在，你的孩子已经开始在学校里不断遇见新的小朋友，向他展示如何通过提问和了解怎么加入游戏来回应他人的友好提议。

6～7岁

约定一起玩的日子。如果是在自己家里或自己的领地里和其他孩子一起玩，你的孩子很可能会更自信、更外向。

遵循孩子的热情。根据孩子自然产生的“强烈情感”来寻找活动，他会加入和自己有很多共同之处的其他小朋友的行列中。

过家家游戏

到2岁时，过家家游戏会成为孩子发育过程中的一个关键组成部分，它使孩子得以展现好奇心、解决问题、理解他人及其行为以及提高自身的社交技能。如果孩子邀请你加入他想象的世界，请你接受邀请并依从他的引导。

场景 | 孩子说他想和你玩咖啡馆游戏。

他说：

“让我们玩过家家吧……”

你可能会想：

“又来了！今天又得花费我多少时间？”

在孩子的脑海里，他就是咖啡馆的主人。他将享受控制一切、指使你充当某个角色并按他的规则扮演的感觉。这么做时，他调动了身边世界的信息，能够不断提高自己新形成的社交技能，也能促进认知发展。

虽然孩子很爱在假想的世界中游戏，但这样的游戏对很多成年人来说有些重复、乏味。不过如果孩子要求你参加，那就请加入其中并保持耐心。你越接受这些和孩子互动的机会，你就越了解他，你们在一起玩的乐趣也就越多。

借助过家家游戏，孩子可以学到他们能够转化到真实世界的技能——交朋友、解决问题、自我表达等。

他的想法：

“你必须一起来玩！”

加入孩子构想的游戏，会让他感到自己被爱和受到珍视。因为咖啡馆的各方面对他来说都是真的，而且他就是老板，毫无疑问，在他的脑海里，你所扮演的人物对整个游戏来说必不可少。

如何应对

眼下……

①

全身心陪伴。将有关其他工作的所有想法从脑海里清除，把手机留在别的房间。投入这点儿时间是值得的——不过10～15分钟，因为这会给你的孩子带来众多好处。

②

让孩子制订规则。如果你让孩子掌控他想象出来的世界，他对权力的需求就能得到满足，他希望控制生活其他方面（如吃饭时间）的可能性就会降低。他的某些行为很可能因此而得到改善。

③

逐渐结束。不要突兀地说游戏结束了，你可以先发出预告，然后再提醒他说需要在几分钟内结束游戏。使用与游戏相称的语言：“我们需要在接待完下一位客人后就关门。”如果他感到难过，你向他保证明天可以继续玩这个游戏，咖啡馆会重新“开张”。

长期而言……

帮助实现。在家中用道具布置角色扮演的游戏场所，比如准备炊具玩具、一篮子玩具水果和蔬菜、一些装扮物品以及医生玩具套装。接受孩子的引导，你不一定要在孩子每次请求时都参加，但至少每天可以玩1次。

顺其自然。不要尝试控制游戏或打断孩子的思路，否则他会觉得你要取代他。年幼的孩子玩角色扮演游戏，是在选择完善、重演对他来说最重要的经历，如吃饭或打电话。遵循他的引导，不要把这变成一堂课。

相关话题

“我要听这个故事。”：第76～77页
“这个是用来干什么的？”：第80～81页

“我现在就要！”

延迟满足是一种能力，指能够运用逻辑思维放弃现在就想要得到的东西，来换取将来的更大奖励。研究已发现，能够控制自己冲动的孩子，在长大后会更成功，因为他们会做出更明智、更合理的选择。

场景 | 你从冰箱里拿了一盒冰激凌，告诉孩子5分钟后再吃。

他说：

“我现在就要！”

对这个年龄段的孩子来说，按他人的话进行等待是一种挑战。这是因为，延迟满足需要用到“执行功能”，即更高级脑区的思维和规划——这些技能在这个年龄阶段仍处于发展期。孩子一般要到3～5岁才开始发展这一能力，而且，即使到了那个时候，这项技能也仍然很“生涩”，它是我们大部分人即使在成年后也要努力提高的能力。

教会孩子如何延迟满足，这是受用一生的技能。

相关话题

“蓝色的杯子。不，黄色的杯子。不，还是蓝色的。”：第46～47页
“不要在墙上画画。”：第174～175页

你可能会想：

"为什么什么事情都得马上做？他就不能等一会儿吗？"

他的想法：

"冰激凌就在那里，为什么我不能现在就吃呢？"

当孩子在永不停歇地要求即时满足、极其没有耐性时，你很可能会恼火。虽然期望这个年龄段的孩子拥有意志力，并能够长时间耐心等待各种事情是不切实际的，但你仍然可以帮助孩子培养他的耐性。

对孩子来说，冰激凌是如此美味，一旦看到它，他大脑中的"奖赏中心"就渴望把它吃掉。他还不能完全理解因果关系，也没有生活经验帮助他了解冰激凌需要软化后才能从盒子里挖出来。

如何应对

眼下……

①

转移话题。这个阶段的孩子很容易被转移注意力，你可以把他的注意力从让他沮丧的原因上移开——指向其他有趣的东西，如那只猫咪在花园里干什么，或者提醒他玩新的玩具。

②

具象化时间。如果冰激凌需要5分钟才能软化，你可以设定计时器，并向孩子发出挑战——在闹钟响起来之前他能捡起几块乐高积木——然后，准备好就可以吃冰激凌了。这就以更具象化的方式向孩子解释了他到底需要等多久，让他对整个过程更有掌控感。

③

眼不见心不烦。如果想要的东西不在视线范围内，孩子会发现等待要容易得多，所以，你可以把冰激凌放在孩子看不到的地方。

长期而言……

建议策略。研究发现，给自己唱歌或者展开想象之旅的孩子，会更有耐心。

谈论耐心。在孩子能够很好地做到等待时，你可以趁机探讨此次体验，如，"想一想，你排队等着坐旋转木马时做得多好，你还记得轮到时你有多高兴吗"？

“我还没玩好。”

在这个年龄段，孩子就活在当下，他们把自己的需求或期望放在第一位。如果喜欢某项活动或沉迷于某个游戏，却让他们停下来把注意力放到别的事情上，他们就会觉得这很令人沮丧，特别是当他们并不想做后面那件事情时。

场景 | 孩子在游乐场的沙坑里玩沙子，但现在是离开去接哥哥放学的时间了。

他说：

“我还没玩好。”

虽然大人有要做的事情、有要去的地方，但是孩子只想玩。对孩子来说，放弃自己的乐趣去做别的事情实在很让人郁闷。在这个年龄段，他通常一次仅能关注一项活动，注意力可以持续10～15分钟，也就是所谓的“游戏岛”。所以，让孩子离开某项活动的最佳时间是两项游戏之间的连接点。

你可能会想：

“他为什么要这样闹一通？他知道我得去接他哥哥的。”

你知道在每个上学日的特定时间要接孩子放学，但你的孩子就活在此时此刻，除了他的游戏，他并不会考虑任何其他事情。如果孩子在你得去某个地方的时候拖拖拉拉，你可能会觉得很受挫。

能够应对转变是孩子上学前应具备的关键能力之一，你要在孩子还小的时候就教会他如何为变化做好准备。

他的想法：

“为什么大人总要破坏我的乐趣？”

打断孩子的游戏，会让他感觉你在故意破坏他的娱乐活动。随着孩子愈加独立，他愈加想掌控自己的游戏时间。如果因为对你来说重要而对他来说不重要的原因，停下他正在做的事情，他需要耗费很大的脑力和自控力。

如何应对

眼下……

①

说出孩子的感受。不要发布命令，而应该向孩子表明你理解他，告诉他：“我知道你正在享受快乐的时光，你很难过我们现在必须得走。”然后，孩子会知道你理解他，而不会觉得自己应该强烈抗议。

②

给予针对性的表扬。在孩子好好结束游戏，并随你去接哥哥而没有抗议时，你要表扬他做得对，这样他下次就很可能会做同样的事情。

③

让接下去的活动变得有趣。如果你让孩子做他不想做的事情，如坐在车子后排去上学，可以建议他在路上唱一首歌或玩“猜猜看”游戏，让事情变得有趣起来。

长期而言……

给孩子足够的时间。如果你计划好在孩子快要结束游戏时再离开，他就不会那么抵触，你也可以进行多次温和有力的提醒来让他做好准备：“再做一个沙堡，我们就要走了哦。”

确保可预测。在孩子又累又饿时，让他做出改变会更困难。要以孩子为中心，形成吃饭、午睡和去游乐场玩的惯例，这可以帮助孩子更轻松地应对这些变化。

相关话题

“再吃一个，好不好？”：第58～59页

过家家游戏：第64～65页

“求求，求求你了。”

孩子现在能够说话了，他能够用语言表达自己的愿望。他是自己宇宙的中心，所以会运用新获得的能力来恳求希望从你这里得到的东西，因为他将你看作全能的大人，你的作用就是满足他的所有需求。

场景 | 公园里，孩子看到一辆冰激凌车，开始反复恳求你买冰激凌。

让孩子学会如何恰当地做出请求，这会让孩子和父母在一起的时光更愉快。

他说：

“求求，求求你了。”

现在孩子已经理解了因果关系，他知道如果他重复请求，你会做出回应的。即使他并不是一直都能得到自己想要的，但获得回应能让他感受到自己的力量。孩子反复请求，也是因为他并不知道有其他方法。

相关话题

“再吃一个，好不好？”：第58～59页
“我现在就要！”：第66～67页

你可能会想：

"他的哀求让我看起来像是一个坏妈妈，但是如果他发脾气，结果也是一样。"

他的想法：

"我现在就想要一个冰激凌。如果我说足够多的次数，妈妈肯定会让步的。"

由于你们是在公共场所，你很可能会感到很矛盾。一方面，你认识到孩子可能会从哀求变为发脾气；另一方面，你感到自己被其他父母指指点点，他们可能会认为以前你就是这样向孩子妥协的。你也可能会埋怨孩子，为什么每次出去他都要买好吃的。

在这个发育阶段，孩子会出现"许愿思维"，认为想得到什么就能得到什么。他认为只要自己不断恳求，就能够影响你，让你给他他想要的。

如何应对

眼下……

①

向他表明你已经听到了。首先，让孩子知道你已经知晓他的请求。

②

要求孩子使用正常的声音。告诉孩子，如果他好好说话，你会听的。然后，你可以和他讨论买冰激凌是否是个好主意。

③

解释为什么。告诉孩子你做出决定的理由。如果你说"不"，不要让他觉得要买冰激凌就是贪吃的表现。

④

保持中立。孩子之前的哀求可能曾让你做出了回应，即使你只给了他消极的关注。如果你生气，他就会启动"战斗还是逃跑"的本能来处理自己的沮丧，并很可能会接着发脾气。不要让他的哀求困扰你。

长期而言……

表扬自控力。留意孩子控制住自己冲动的时候，并对此表示感谢，比如，他做到了倾听，忍住没有打断别人的话。这并不意味着他一直都能做到完美，但他会知道，即使他没有按自己的想法行事，你也会知道他的需求。

“不要妈妈，要爸爸。”

这个阶段的孩子已经不再是个小婴儿了，他已经能够更加清楚地表达自己的期望，所以他正在努力获取对生活某些方面更大的控制权。他这么做的方法之一，就是选择爸爸或者妈妈来和他做不同的游戏。

场景 | 虽然你主动提议扮海盗，但孩子只想和爸爸一起玩，妈妈不行。

他说：

“不要妈妈，要爸爸。”

婴儿时期，孩子基本上只依恋他的主要照顾者，通常就是给他喂饭的人。现在他长得更大，也更独立了，他意识到，他自己是和你不一样的人，他准备建立自己和其他家人的关系。因此，爸爸可能会成为他最喜欢的人。

你可能会想：

“这是不是表示他现在爱爸爸多一点儿？”

在孩子之前表示非常爱你之后，听到这些话可能会让你感到有点儿伤心。你可能会想，是不是自己哪里做错了，甚至会妒忌或埋怨你的伴侣。但这只是很短暂的一段时间，所以要做到对事不对人。你应该将这看作孩子自信心不断增强的标志。

相关话题

“妈妈，不要走！”：第52～53页
“我喜欢这根树枝。”：第78～79页

他的想法：

“我只不过更想和爸爸一起玩这种游戏。”

孩子要求和爸爸/妈妈玩的原因有很多。如果爸爸不在家的时间比较多，他可能会在见到爸爸时更激动。但他可能仍想让你帮他穿衣服，因为他习惯于此。他也可能只是更喜欢和爸爸一起玩某个游戏——研究表明，爸爸更可能加入战斗型游戏。

如何应对

眼下……

①

允许孩子选择。 倾听并认可孩子要求爸爸或妈妈陪伴的要求。如果另一位家长不在身边，你可以告诉孩子：“我就在这儿。我可以和你玩到爸爸回来。”

②

幽默一点。 你不要表现得很难过，可以说这样的话：“你是对的。爸爸扮的库克船长棒极了！”虽然让孩子知道语言也会伤人这一点很重要，但建议将此保留到你的情感不那么敏感的时候再向孩子解释，以免让孩子感到内疚。

长期而言……

建立你们之间的纽带。 如果你认为孩子要求爸爸或妈妈专门陪，是因为和他/她在一起时更快乐，建议你每天也留出一对一的相处时间，开展一些你们之间可以一起进行的有趣活动。

成为一个团队。 如果照顾孩子的成年人能够组成团队一起合作，孩子会获得最大的安全感。如果你能向孩子展示你和爸爸都能满足他的需求，你们的角色将更容易互换，那么在孩子说他不想要你时，可能就不会那么伤害你的感情了。

和你的伴侣谈谈。 让你的伴侣知道你的感受，不要让两个人之间的怨恨越积越多。避免在孩子面前批评对方，留出更多时间让一家人在一起。

睡觉难题

所有父母都知道，孩子在得到好好休息的情况下，会更快乐，表现更好。但这并不意味着孩子喜欢上床睡觉，也不意味着他们能一晚上都待在床上。

一般而言，孩子往往存在两种睡觉问题：不肯上床睡觉以及半夜醒来。

第一种情况中，有些孩子不想睡觉是因为一个人在黑暗中会产生分离焦虑。有些孩子的思维很活跃，他们发现自己很难转变到更放松的精神状态。孩子的浅睡期要比大人长，而且也不知道醒来时未必是起床时间，而是需要重新平静下来，继续睡觉。

培养孩子的睡觉习惯，是最艰难的育儿挑战之一。但当你做到时，会给一家人的生活带来最积极的改变。你的作用是帮助孩子形成对睡觉的健康态度，并享受上床睡觉的时间。

1

找出问题

数数看，孩子一周睡几个小时。找出孩子不愿意上床的原因，他是不是特别渴望和你待在一起？午睡时间是否过多？先解决问题。

4

让睡前时间变得特别

绝对不要通过威胁去让孩子上床睡觉，将之当作一种惩罚。父母应该把这打造成一段特殊的时光，为了茁壮成长、学习，孩子需要足够的睡眠。而睡前，你们将依偎在一起看书。

7

不要着急

为让孩子活跃的大脑镇定下来，帮助他完成过渡，从开始洗澡到关灯睡觉，应该留出1小时的时间。

9

保持低调

关灯后，满足孩子喝水、上厕所或者抱一下进行安慰等各种需求，但你要尽可能少地参与，防止孩子把关注作为奖励。

最佳做法：

十项关键原则

2

制订计划

保持计划的一致性很关键，所以要制订你和家人能够坚持的计划。一次决定做一点改变——如无须争吵就让孩子上床睡觉，或者让他一晚上都待在床上。有些改变可能需要两周才能完成。

3

在他面前统一战线

如果你和伴侣对如何以及何时让孩子上床睡觉存在争议，失去自己宝贵时间的爸爸妈妈可能会产生冲突。如果你的孩子从你们那里获得了不同的信息，他可能会“挑拨”你们彼此争斗。

5

告诉孩子做得对的地方

在孩子准备上床时，留意并描述孩子做得对的地方——从顺从地结束洗澡，到不用大人说就自己穿上睡衣的每件事情。

6

培养睡觉仪式

晚上的习惯包含了各种与入睡相关的信号。作为成人，我们把这些线索视为理所当然的——脱衣服、刷牙和在床上看书。每天晚上以相同的顺序做这些事情，也会给孩子生成这些仪式。

8

使用小夜灯

年幼的孩子会觉得黑暗隐藏了房间里自己熟悉的所有东西。低亮度的小夜灯可以向他们表明什么东西都没变，不会有东西打扰他们睡觉。

10

帮助孩子将睡觉视为积极的事情

在没有大人帮忙的情况下，孩子不会知道睡眠不充足会导致自己第二天脾气暴躁。随着孩子渐渐长大，你可以向他说明，如果他睡得不够，第二天起床有多么困难。

各年龄段的

针对性建议

2～3岁

磨刀不误砍柴工。在这个阶段，孩子需要12～13小时的睡眠时间，要确保他们在合适的时间上床睡觉。

奖励性行为。使用星星奖励图表，在孩子每次达成目标——如做到整晚都在床上睡觉时——予以星星奖励。

4～5岁

放弃午睡。这个阶段，孩子需要的睡眠可能要少一点，所以他也许可以省掉白天的午睡。

逐步改变。如果早上越来越难让孩子起床上学，每周将熄灯睡觉的时间往前挪15分钟，直到达到你期望的睡觉时间。

6～7岁

防止上床时间悄悄后移。这个年龄段的孩子可能会因为家庭作业而推迟上床时间。问问老师，家庭作业需要多少时间才能完成，帮助孩子在这个时间内完成作业。

有担忧的事吗？在这个年龄段，有些孩子会因为友谊或担心学校的事情而难以入睡。让孩子在上床前把任何担忧写下来，这样他就能够和你一起处理并谈论那些担忧。

“我要听这个故事。”

和孩子一起看书，能帮助孩子学习说话、互动、增加注意力持续时间，并最终让孩子学会自己阅读。作为每天的习惯之一，故事时间可以帮助家长向孩子发出信号——现在是睡觉时间了。这种全身心关注的状态，会让孩子感到安全、特别，并感觉与你相连。

场景 | 孩子想让你在上床睡觉时读故事——又是同一个故事。

他说：

“我要听这个故事。”

你可能会想：

“我已经把这本书读了100遍了，已经重复太多遍了。”

对孩子来说，和你一起读故事是一种慢慢平静下来的放松方式。除了给孩子提供睡觉的信号，故事时间还有很多好处：那些在两三岁时经常由家长读故事的孩子，他们在开始上学后的学业成绩会更好。

你很可能已经记住好几本书了，因为孩子偏爱自己最喜欢的那几本书，所以希望一遍又一遍地听那些故事。虽然缺乏变化对你来说可能有些枯燥，但让孩子自己选择，能让他感到自己很重要，并且可以让他体验自己主导故事时间的乐趣。

读故事是一个宝贵的机会，可以借此建立亲子纽带，放松和享受乐趣，同时它还有助于孩子的学习。

他的想法：

"我们能不能再读一遍？这让我感觉好极了。"

依偎在一起看书，会让孩子感到安全。反复读同一个故事，可以帮助孩子认识书页上字的形状，这是阅读的必要前提，也是锻炼孩子认识新词、提高记忆力和发展情绪理解力的机会——情绪理解力是孩子建立友谊所必需的技能。

相关话题

过家家游戏：第64～65页

留出高质量陪伴时间：第84～85页

如何应对

眼下……

①

全身心关注孩子。让孩子放轻松，让他知道这是你们俩的时间，他现在是你的最优先"事项"，把手机放在视线范围外。

②

回答所有问题。连续被打断有时颇令人泄气。但孩子的问题很重要，你可以帮助他与故事进行互动，扩展他的想象力，可以讨论他认为接下去会发生什么事情，以及故事中的人物有什么感受。

③

使用各种表现方式。可以根据故事中人物的性格，用不同的声音给他们配音，让故事生动起来。尝试各种声音和音量，可帮助孩子理解新词汇的意思。他越喜欢这个故事，就越可能从中学习。

长期而言……

提前约定故事书。如果你的孩子经常要求你给他读半个书架的书，建议他在开始读故事前选择3本，然后坚持只读这3本。

使之成为一个仪式。在上床时间至少给孩子读一本书，并在可能时在白天也给他读故事，故事不一定要长。虽然你累了，但对孩子来说，平静、安宁、有你陪伴的一对一晚间相处时间非常重要，这能够让他感到安全。

“我喜欢这根树枝。”

当你推着婴儿车和孩子出行时，你大概知道从A地到B地需要多少时间。但现在孩子自己会走了，到任何地方都会花上很长时间，因为他对自己看到的许多事物都极感兴趣。

场景 | 在去游乐场的路上，孩子又坚持要停下来查看一根有趣的树枝。

对孩子来说，这是独一无二的探索时间。调整你的速度来配合他。

他说：

“我喜欢这根树枝。”

这是孩子第一次能够独立、充分地探索外面的世界，所以他只需要走几步路就能发现吸引他的新东西。他对所发现的东西的纹理、颜色和重量都充满好奇。每次出门，都像是他第一次看到这个世界一样。

相关话题

“我还没玩好。”：第68～69页
“这个是用来干什么的？”：第80～81页

你可能会想：

“又一根树枝！我们快要迟到了。”

他的想法：

“这根树枝真有趣，我为什么一定要快点儿？”

如果你需要在特定时间到达某个地点，而你们又前进得如此之慢，这的确很容易让你感到沮丧。你感觉孩子是故意在无视你的催促，但他浓厚的兴趣以及他一次只能思考一件事情的事实，意味着他很难听到你在说什么。

孩子正以每秒1000个的速度在大脑细胞间建立连接。他的身体构造让他本能地注意每一样事物，以充分利用这一认知快速发育的阶段。他活在“此时此刻”，从他的计划切换到你的日程表，需要大量脑力。

如何应对

眼下……

①

蹲下来与孩子保持同样的高度。不要强迫孩子加快速度，蹲下来让他给你看看他发现了什么。在你需要继续前进时，提前1分钟通知他，让他把注意力重新放到继续向前走上面。

②

享受旅程。享受这些散步时光，尝试在走的时候保持警觉。研究发现，这样散步可以带来让人情绪变好的意外好处。所以，慢慢走，看看周围，留意每样事物。这样会让你和孩子都更高兴。

长期而言……

预留缓冲时间。你为旅程安排的时间越紧张，你就越难以走进孩子的世界。孩子在没有被催促并遵从自己的兴趣时，学得最好。

满足他的需求。有时候，反抗你的要求是孩子获得控制和注意的一种方式。在其他时间里留出和孩子一对一相处的时间，这样他就不会觉得需要在你们外出时坚持己见或获取关注。

多带孩子出去。户外是小孩子锻炼身体技能最好的地方。没有室内的束缚，孩子可以自由地跑跳、冒险，锻炼他的各种感官功能。

“这个是用来干什么的？”

孩子是天生的探索家，他们有与生俱来的动力去发现这个世界，探索它如何运行。孩子越爱探究，学到的也就越多。虽然这一好奇心并非由父母灌输，但父母可以鼓励孩子去探索，这会让孩子终身受益。

场景 | 看到你拍照片后，孩子希望玩你的相机，来看看相机是怎么工作的。

他说：

“这个是用来干什么的？”

你可能会想：

“我希望他不要再乱动东西了，我的（相机）设置都要被弄乱了。”

孩子的大脑天生就具备好奇心。随着大脑高级功能的发育，孩子开始寻求逻辑性答案来解释世界的运行原理。这一好奇心不仅有助于增厚大脑额叶，还会让大脑释放化学物质——多巴胺，让孩子感觉良好，并想探索更多。

由于孩子一直在转旋钮、按按钮，你可能会觉得自己必须每分每秒都盯着他。但很重要的一点是，你得欢迎他的这种好奇心，而不是为此恼怒，这样他才会感到安全，觉得你在鼓励他寻求答案。

相关话题

“我要你的手机！”：第56～57页
“明天是什么时候？”：第86～87页

你的鼓励是孩子持续保持强大学习动力的关键因素之一。

他的想法：

"这个东西发出了很大的声音，我想看看它是怎么发挥作用的。"

孩子对因果关系深深着迷——他希望自己一按下按钮就能让什么事情发生，就像是在玩"小丑"玩偶盒子一样。这让他获得对自己世界的控制感，有助于他学习如何预测事情。

如何应对

眼下……

①

描述按钮的功能。用简单的话解释每个按钮是干什么的，这样孩子就能够将正在寻找答案的大脑和语言技能结合在一起，逐渐形成对这个世界的基本了解，而以此为基础，孩子还可以去探索更多。

②

问孩子问题。花点儿时间给孩子展示相机是用来干什么的，但也要向他提问，帮助他使用高级思维，把学习融入这一过程中，将这变成一个双向的互动过程。

③

一起寻找答案。很多时候你也不知道答案，但为了鼓励他继续提问，在你也不确定时，你可以说："问得好，让我们一起找出答案是什么。"

长期而言……

示范好奇心。探索孩子周围的世界并提出问题，向他展示如何积极地生活。

保持耐心。准备你要好多次回答同一个问题。虽然好奇心在人的一生中都很重要，但是研究发现，如果未得到鼓励，到7岁时，孩子问的问题就会显著减少。如果孩子觉得大人不支持自己提问，他就不会再问。

“一个给你，一个给我。”

学会分享是很重要的技能，这是必须教给孩子的技能。尽可能做一个善于分享的好榜样，这样，孩子也会和他的朋友一起分享，能够分享是孩子交到朋友并保持友谊的关键因素。

场景 | 孩子正在做一个分享他的饼干的表演——即使你实际上并不想吃。

他说：

“一个给你，一个给我。”

你可能会想：

“我实在不想要一块精心制作的饼干，我要说‘不要’。”

随着孩子获得对自己身体的更多控制，他最先知道的是自己有能力抓住东西，并且希望把所有东西都留给自己。现在，他抵达了新的里程碑——同理心开始形成，他能够意识到其他人也有需求，并对自己想要独占的冲动加以控制。

所有父母都希望自己的孩子善于分享，因为他们希望别人认为自己的孩子友善并喜欢他们。但你可能不得不等到孩子长到3岁，因为这个时候他才会理解，分享可以让别人高兴。到那时，再鼓励和强化孩子的分享行为。

相关话题

“这是我的！”：第36～37页
过家家游戏：第64～65页

分享是一项通过学习才会掌握的技能，所以，向孩子展示如何分享。这是他能交到朋友的关键。

他的想法：

“我喜欢这个规则。它让我感觉很棒，而且这也让妈妈很高兴。”

孩子喜欢重复做他们喜欢的事情，你的孩子也不例外。他和你重复这个仪式越多，他就越了解如何分享——这是对他以后的生活来说非常重要的一项技能。

如何应对

眼下……

①

笑着接受饼干。尽可能鼓励孩子和其他人分享，由此强化“分享是好的”这一信息。

②

谢谢孩子。让孩子知道你非常感激他的公允和大方，你可以告诉他，你要留着饼干待会儿再吃。

长期而言……

描述孩子做得对的地方。进行具体、描述性的表扬，让孩子知道自己什么时候做到了好好分享。例如，“你有看到你给劳拉一块饼干时她笑了吗？你这么做的时候她真的很喜欢”。

解释分享的含义。帮助孩子了解，什么情况下分享意味着分享的东西会永远失去（如食物），什么情况下分享的东西还会回来（如借玩具）。

玩分享型游戏。棋盘游戏和涉及轮流的游戏可以让孩子练习分享。

留出高质量陪伴时间

不管生活有多忙，每天留出一段时间，对孩子投入百分百的爱和关注——这非常重要。无论是对孩子，还是对你来说，这些规律的一对一相处时光都很可能会成为最特别的时刻。

在孩子的眼里，“爱”这个词就等同于“时间”——虽然听起来有点儿老套，但这是真的。即使你是在辛苦工作供养孩子，孩子也会把你的忙碌当作拒绝，所以留出宝贵的时间和孩子待在一起是值得的。

你的确无法让一天变出更多时间来，但可以在你拥有的时间中优先留出一点儿特别的时间。请放心，你的所有努力都会获得回报。这些相互陪伴的时间是你的孩子觉得与你最接近的时间——也将是你们最美好的记忆之一。

还应该了解的一点是，如果孩子知道一天中始终会有一段时间让他感到自己是你在这个世界上最重要的人，孩子寻求关注的各种行为、妒忌和抱怨就可能不会出现。

1

留出10～15分钟的时间

把目标定为每天和每个孩子独处几分钟，并做到持之以恒。你会享受这些时间并获得回报——孩子的行为表现会变得更好。

4

利用假日

除了给身体充电，假日也是重要的纽带建立时间。创造“依恋游戏”的机会——和孩子靠着坐在一起或站在一起，向孩子传达“我喜欢和你在一起”的信息，由此让自己和孩子真正相连。

6

寻找一天中最合适的时间

是选择早起一些，坐到孩子的床边，摸摸他的头发，和他谈谈即将开始的这一天，还是在睡前，一天快要结束时享受一段额外的宁静时间？这取决于你。找到对于你和孩子最合适的时间段。

最佳做法：

八项关键原则

2

贴上标签

孩子需要知道你特意留出了时间和他待在一起，这一点很关键。要从一开始就告诉他这是你们的“特别时间”。

3

关注免费的东西

花时间和孩子参加不需要花钱的活动。你们能做的事情很多，比如，玩纸牌、烹饪，一家人一起散步、骑自行车或遛狗，等等，主要是为了表明一家人在一起就足够了。

5

充分利用每个机会

当你和你的其中一个孩子独处时，无论是“跑腿”办事时，还是在车里，你要意识到，如果你跟上孩子的情绪和兴趣，比如问问他想谈什么，这点时间就很容易变得有意义。

7

一起享受快乐

有趣的活动会释放让人感觉良好的神经化学物质，有助于孩子形成积极的自我认同。

8

关掉高科技产品

记得始终把手机收起来。尝试清空自己的大脑，这样你就能全身心地陪伴孩子。

“ ”

每天留出“特别时间”，即使很短，也能大大改善你们之间的关系。

各年龄段的

针对性建议

2～3岁

请多抱抱孩子。孩子仍然依赖触碰来帮助自己感受到亲密和安慰。

随便孩子选择。可能时，让孩子选择两个人在一起做什么，这传达出一个信息：“我不关心我们做什么，重点是我们在一起。”

4～5岁

小助手。现在孩子已经长大了一点儿，让孩子帮你一起准备晚饭，或修理家里坏掉的东西。

保持倾听。当孩子告诉你学校里的事情时，不要说教或者提出建议，通常，你只要保持倾听和回应他说的话就已经足够了。最好的回答通常是：“告诉我为什么吧。”

6～7岁

错开上床时间。如果你有个更小的孩子，可以每周一次，让大孩子早半小时上床，这样你们就可以做一些只有你们两个人做的事情。

出租车时间。对于大一点儿的孩子来说，不用进行眼神接触，就能很容易和他谈论困扰他的事情——乘车出行正是这样一个好机会。

“明天是什么时候？”

成年人会仔细考虑时间，比如，几小时、几分钟，或是昨天、今天和明天。但年幼的孩子只理解他们能够接触或感受到的东西，时间是个抽象的概念，他们需要别人帮助才能理解事情将在什么时候发生。

场景 | 孩子知道爷爷奶奶明天要来，他不断地问现在他们在哪里。

他说：

“明天是什么时候？”

孩子基本上只能关注此时此刻。他对时间流逝的概念基于对定期发生事情的理解——起床、吃饭和上床睡觉。如果你把这些事情和你说的话联系起来，他会开始理解你说的“之后”或“之前”指的是什么。但“明天”仍远远超出他的想象范围。

“年幼的孩子表现出不耐烦，并非是因为不讲道理，他们只是还不理解时间的流逝。”

相关话题

“我要你的手机！”：第56~57页
“我现在就要！”：第66~67页

你可能会想：

"我已经告诉他很多次他们明天才会到，为什么他这么没有耐性呢？"

他的想法：

"我想让爷爷奶奶现在就来，感觉已经过去好久了。"

成人的生活通过时间和截止日期来管理，所以很容易忘记，这些对年幼的孩子来说却没有意义。在孩子反复问客人什么时候到时，你可能会遏制不住地出现歇斯底里的感觉。但你得知道，他并不理解"明天"这个概念，请保持镇定。

孩子"展望未来"的这一高级大脑功能还未发育好。在他心里，他是如此激动地想要见到爷爷奶奶，他认为应该现在就见到他们。他也还没有充分锻炼好延迟满足，所以更加不耐烦。

如何应对

眼下……

①

拆分时间。告诉孩子，你理解他想马上见到爷爷奶奶的心情，但如果他吃饭，然后洗澡、读个故事，再上床，积少成多，时间很快就能过去，爷爷奶奶在他明天吃完早饭时就会到了。

②

转移他的注意力。给孩子安排一些活动和可以吸引他注意力的其他事情，这样他就不会全部精神都集中在等爷爷奶奶这件事上了。

长期而言……

形成惯例。如果孩子的生活已形成惯例，他们就能够更清楚地理解时间是如何流逝的——他们可以用自己生活中的基准点来衡量时间。

将活动与时间进行关联。在一天中，使用不同的时间词帮助孩子弄清楚事情发生的时间。可以这么说，在出去"之前"把衣服穿上，或者在主餐吃完"之后"再吃布丁。

跟踪流逝的时间。借助可视化工具加强孩子对时间的理解。例如，可以巧用日历，把爷爷奶奶的照片贴在他们到访那天的页面上，日子过去一天，就把前面的日期划掉一天，这样，孩子就能"看见"，离爷爷奶奶到访的时间已经越来越近。

第 4 章

4～5岁的孩子

“我想要抱抱。”

在这个年龄段，孩子天然地就对和他待在一起时间最长、让他最有安全感的人有依恋感，希望待在他/她身边。即使孩子已经开始独立，他们仍需要大人提供安全感和安抚性拥抱。

场景 | 孩子赖在你怀里，不肯加入朋友的生日派对。

他说：

“我想要抱抱。”

你可能会想：

“平时他肯定已经忍不住跑过去玩了，今天为什么这么黏人呢？”

虽然孩子认识派对中的大部分孩子，但在你们刚到派对时，突如其来的新奇感和热闹声音可能会让他有些不知所措。他可能需要你提供安慰和安全感。他可能在想：“救命，这对我来说太陌生、太吓人了。”

抱着孩子给他安全感，在这种状态下将他介绍给别人，这样他就能先观察和习惯周围的环境。

认可孩子的这一行为，虽然有点奇怪，但它表示孩子信任你，认为你可以安慰他——孩子只是在发出求救的信号：在这个不熟悉的地方，他仍想从你这里获得安全感。可以问问自己：孩子是否已经准备好，可以做到这种程度的独立？享受你们的拥抱，让孩子鼓足加入大家的勇气。

他的想法：

“妈妈不要走。在我加入大家之前，我想让自己再勇敢一点儿。”

研究发现，有10%～20%的孩子天生就拥有比一般人更警觉的神经系统，这使他们在新环境中更加小心翼翼。这并不是说你的孩子不会交朋友，他只是需要让你在更长一点的时间里充当他的“安全基地”。

如何应对

眼下……

①

不要强迫孩子加入。抱着孩子，靠近他。不要说他“已经是大孩子了”“必须离开去玩”之类的话。给孩子一定的时间来适应新情况。

②

让孩子留意发生的事情。你可以指向正在发生的事情，让孩子把注意力放在外面——比如，桌子上放的是不是生日蛋糕，或其他人正在玩的一个友好的派对游戏等。会有事情吸引他的注意力，这会让他忍不住想要加入其他孩子中。

③

不要给孩子贴上“害羞”的标签。认可孩子的感受——他对派对感到信心不足，是因为派对上人太多了，但不要说他是个害羞的孩子，否则他会觉得自己永远都带上了这个烙印。拥抱孩子，但不要质疑或评判。

④

表扬孩子的勇敢。在孩子开始看周围的情况，表现出加入大家的兴趣时，你可以有针对性地表扬他。告诉他你知道这有点难，但他做得很好，加入大家是很勇敢的表现。

长期而言……

锻炼社交场景。在出门的时候带上孩子，在更小的圈子和更安静的地方，让孩子锻炼和别人见面时如何表现，你的孩子在社交场景中才能学会如何交际。这样也让孩子看到你在派对、学校或邻里活动中外向、乐于认识他人的一面。

相关话题

害羞：第62～63页

“我想要我的奶嘴。”：第94～95页

“看看我做了什么！”

四五岁的孩子很明白自己想要获取你的关注，希望你注意到他在做什么。我们都有获得别人认可的基本心理需求，而对孩子来说，尤其如此——健康的认知和情绪发展需要大量的积极关注。

场景 | 孩子刚完成他最喜爱的拼图。

他说：

“看看我做了什么！”

你可能会想：

“我要做的事情太多了，为什么他又让我去看那个？”

孩子非常希望你马上就过来看他的拼图。我们天生就需要获得认可，得到别人的承认，这是形成自我价值感的关键元素之一。

孩子有没有达成什么新成就，这并不重要——他只是忍不住想获得你的认可。孩子不停打断正在做事情的你，这可能有些令人恼火，但如果你表现出生气或恼怒，孩子可能会转而用不当的举止来寻求关注。你充满爱意的关注才是他此刻需要的东西。

对孩子影响最大的，是你对他的关注、表扬和无条件的爱。

他的想法：

"求求你不要忽视我，你的认同真的非常重要！"

孩子不仅仅想要获得你的关注，还需要来自你的社会性认同。孩子心里自有一种"雷达"来寻求不刻意的表扬。他会把你的诚意不足或心不在焉（比如，你拿着手机不放手）当作否认。

相关话题

"你总是那么忙。"：第128～129页
"你答应过的。"：第168～169页

如何应对

眼下……

①

停下你正在做的事情（如果这么做安全）。给孩子全心全意的关注——哪怕只是一会儿。即使只是一段短时间的积极关注，也能满足孩子对认可的渴望，让他有安全感，觉得自己受到了重视。如果你没法立即停下来，告诉他"我……后马上来"，并说到做到。你可以建议一件他在等你完成手上的事时可以做的事情。

②

留心关注他做得好的地方。不要敷衍地说"做得好"，花片刻时间留心他做的事情，并说出一些具体的意见，"我很喜欢那块拼图的颜色"或者"真是一幅有趣的画"。

③

不时主动给予认同。主动说些鼓励性的话，即使是孩子没有直接要求时——例如，在你注意到他玩得很好或表现出合作时。在一天之中，经常性地给予孩子短时间的关注和点评，这有助于建立孩子的信心和自我信念，并让他明白你到底希望看到怎样的行为。

长期而言……

避免拖延战术。"我现在很忙，等一会儿。""一会儿"很可能会变成"好一会儿"，而机会却就此错过了。当时没有停下来，就意味着你在反复拒绝孩子的请求，他在请求你的关注——这样的做法会打击他的信心和自我信念。

找到行之有效的办法。并不总是要坐下来陪孩子玩耍才能提供积极的关注和表扬。他想要的是你的关注和认可，他也会喜欢模仿你，做你正在做的任何事情。享受这些高质量的陪伴时光。

“我想要我的奶嘴。”

吸吮有强大的镇定作用，这是很多父母给小婴儿奶嘴以安抚他们的原因。但随着孩子长大，如果没有大量的鼓励，他们会很难戒掉这个习惯。

场景 | 孩子不久之后就要上幼儿园了，但在一天的大部分时间里，他还坚持要吸奶嘴。

他说：

“我想要我的奶嘴。”

你可能会想：

“他已经很大了，早就不该用奶嘴了，这让他看起来还像个小宝宝一样。”

你一开始给孩子用奶嘴，很可能是为了帮助他放松和睡觉，但随着时间的推移，奶嘴也变成了孩子白天的安抚物。孩子觉得自己需要奶嘴来放松，但实际上他只是需要学会用其他方法来调节情绪。

孩子的奶嘴只是一个过渡用品——用来在你不在的时候安抚他。现在孩子已经4岁了，你觉得他还用奶嘴有些尴尬，担心其他父母认为你太懒，纵容孩子依赖奶嘴，更别说这可能会影响孩子的牙齿生长和说话。

孩子的奶嘴应该“功成身退”了，孩子已做好准备，可以在你的帮助下找到安抚自己的新方法。

相关话题

“我想要抱抱。”：第90～91页
“我把泰迪丢了。”：第126～127页

他的想法：

"我的奶嘴让我有安全感。如果没有它，我的感觉都不对了。"

孩子的大脑已经把吸吮奶嘴和安宁的感受建立起了联系，这已经成为一种习惯。虽然孩子一开始可能会感到难过，可以在孩子做到在更长时间内坚持住不用奶嘴（在有东西分散注意力的情况下）时表扬他，将他的习惯回路打破。

如何应对

眼下……

①

和孩子谈谈。和孩子解释他现在已经长大，已经足够勇敢，不再需要奶嘴了。虽然有些孩子需要别人帮他们戒掉奶嘴，但是有一些孩子可以自己下决心改掉这个习惯，因为这看上去太像小宝宝了。

②

提供替代方案。在你拿走奶嘴之前，向孩子展示获得安宁感、安全感的方法——给自己唱歌，紧紧抱住毛绒玩具或者和你说话。如果孩子非常抗拒，就逐步进行，奖励和认可孩子做到不用奶嘴的每个小时，为他提供大量游戏，以分散他的注意力。

长期而言……

戒掉奶嘴。和孩子约定一些参数，比如，每天他可以用奶嘴多长时间以及可以在哪些地方用，然后逐渐调整，以进一步减少他的使用量。例如，你可以说他只能在楼上用，然后变为只能在床上用，下一步把奶嘴收拾起来——看不见也就想不起来。

给予奖励。很多孩子会积极响应星星图表上的星星奖励。给孩子一些预示，并在期限结束时告知他，这样孩子可以把他的所有奶嘴都收集到一起，然后把它们放入夜里会被收走的盒子中。第二天早上就会有奖励等着他。

精心选择时机。选择没有什么压力，且你可以陪伴左右，给予孩子安慰和分散他注意力的时间——节假日或不上班的时间就很合适。可以将孩子不再要求奶嘴的时间预定为两周。

“你是伤心了吗，妈妈？”

作为父母，你习惯于在孩子因情绪问题或受伤而哭泣时给予回应，而当孩子第一次尝试安慰伤心的你时，你可能会感到意外。可以偶尔和孩子谈论你的心情，这有助于培养孩子的情商。

场景 | 在过完充满压力的一天后，孩子发现你在哭。

他说：

“你是伤心了吗，妈妈？”

之前，孩子仅能从自己的角度看待这个世界，而现在，他已经长大，能够理解你也有情绪，而且你的情绪也会受外部事件的影响。所以，他知道肯定是发生了什么事情才让你哭的。

你可能会想：

“我不想让我的孩子看到我这样，也许我不该在他面前哭。”

孩子往往会把你看作一个全能的“超级英雄”，所以你可能会觉得，在孩子面前表现出自己脆弱的一面有些不好意思。但孩子应从他们的主要照顾者那里习得情绪理解能力。所以，如果孩子能够向你表示他理解你，这一事实正是他从你身上获得了共情式养育的证明。

告诉孩子，哭泣可以让我们将悲伤释放出来，我们会在哭泣后感觉好很多。

他的想法：

“为什么妈妈这么伤心？是因为我做的事情吗？”

对于孩子来说，父母就是他们的“情感支柱”，总能处变不惊，所以看到父母情绪失控，可能会引发孩子的慌张。由于孩子认为自己是一切事情的中心，他可能会认为你之所以哭是因为他做的某件事情。

如何应对

眼下……

①

坦然面对。哭泣是对情感或身体疼痛的正常反应，无须因为在孩子面前哭泣而感到羞愧，不要告诉他“哭泣是小孩子才会做的事情”。

②

谈论你的心情。不用讲得太详细，但可以解释一下你难过的核心原因，使用“我觉得”这样的句式，这样孩子也能够学会为自己的情绪负责。例如，你可以说：“我今天感到伤心，是因为我和我的朋友吵架了，但我肯定，在我们一起玩个游戏后，我会感觉好很多。”

③

安慰孩子。最重要的是，孩子想知道他们是安全的，并且始终会被照顾和被爱。在你哭完以后，多对孩子笑笑，并多抱抱他。要向他明确一点，你掉眼泪并不是因为他说的或做的任何事情。

长期而言……

培养情商。向孩子展示你如何厘清了你的情绪，如悲伤和沮丧，这样有助于培养他的情商。而在日子过得比较艰难时，尽量利用身边成年人的支持。这样，你的孩子就会明白，和伙伴交谈是让自己感觉更好的有效办法之一。

谈论你的积极情绪。情绪无所谓好坏，但我们往往会更关注消极的情绪。也要在你高兴时和孩子谈谈，这可以帮助他留意和理解不同的情绪，明白人生包含了各种情绪。

相关话题
“我想要抱抱。”：第90～91页
“他们说我是一个‘哭包’。”：第138～139页

“我要气爆炸了。”

生气是一种次生情绪，需要时间学会如何控制它。它通常被沮丧、害怕或悲伤等情感触发。在遭受失望或沮丧后，有些孩子需要较多的帮助才能控制自己的脾气。

场景 | 孩子正等着荡秋千，却被另外一个孩子抢先了，他发脾气了。

他说：

“我要气爆炸了。”

你可能会想：

“为什么他总是要这样闹别扭？只是玩秋千被抢先了一次而已。”

很多孩子会在希望或者期望落空时发脾气。而每个父母都希望自己孩子的这种行为能够在他们长大或学会控制情绪后消退。但有些孩子天生就有着更“纠结”的性情，需要更多来自大人的帮助才能注意到自己的消极情感，找出应对的方法，并在最后改善自己的行为。

如果孩子经常发脾气，你可能会一直提心吊胆地等着下一次爆发。你也可能会感到尴尬，害怕别人会认为你的孩子表现不好——觉得他早该改掉这种发脾气行为了，或是担心他的脾气会导致别的孩子不愿意和他交朋友。

帮助孩子识别会点燃他怒火的触发因素，学会如何在脾气爆发之前解决它们。

他的想法：

"本该轮到我了，太不公平了。我太生气了，简直就像火山要喷发一样。"

孩子已经知道他不该过度反应，但他被自己的情绪所支配，不知道该如何刹车。位于他低级脑区的警报系统总是很敏感，一触即发。当他的身体被应激激素淹没后，他就会大发脾气，理性思维还来不及启动。他想要获得安全感，并重获控制感。

相关话题
"你必须得这样。"：第150～151页
"这感觉很好。"：第162～163页

如何应对

眼下……

①

以应对发脾气的方式来处理。你首先要做的，是帮助孩子从高度激动的状态中镇定下来。把孩子带到某个没有人看到他的安静场所，这样孩子能够重新控制自己的高级思维。

②

保持镇定。因为孩子生气而对孩子发火，就像是火上浇油。你可以与孩子保持眼神接触，并使用简短的句子，如"没事的"或"用力呼吸"。拥抱孩子，告诉他生气没有错，但他需要控制他的处理方式。

长期而言……

让孩子练习。通过玩游戏挑战不同的触发性情景，比如，在排队时被人插队或输掉比赛，然后让孩子尝试用不同的方法处理自己的反应。通过交谈让孩子明白，这些令人恼火的小事绝对不是世界末日。

保持孩子的充沛精力。确保孩子有足够的睡眠和规律、健康的饮食和锻炼，否则如果孩子的情绪系统处于高压之下更容易受到刺激。

帮助孩子理解自身的感受。让孩子留意，在自己开始生气时，身体是如何紧张起来的。同时，也让他观察自己走出困境所需的征兆。帮助孩子把他的怒火比作即将爆发的火山，或即将炸开的爆竹。通过把怒气看作身外之物，孩子会发现，自己可以更轻松地讨论它们。

“我马上要动手了。”

不管是什么样的孩子，他们天生都是冲动的，需要时间和练习，他们才能控制住自己的行为，不去做脑海里浮现出来的第一件事。在孩子学习如何在动手去做自己知道不该做的事情前运用“精神刹车”时，请保持耐心。

场景 | 你告诉孩子，等他把围裙系上后再开始画画，但他不管三七二十一就开始画了，还把颜料沾到了衣服上。

他说：

“我马上要动手了。”

你可能会想：

“在我叫他别干什么事的时候，他为什么就不能照做呢？”

孩子在你的引导下通过大量练习才能学会自我控制。他也逐渐获知“自己的行为会带来各种后果”这一情况。但学习控制冲动可能是个缓慢的过程。虽然孩子的控制力正在逐渐增强，但他并不能每次都成功，尤其是在很兴奋的时候。

在你明确告诉孩子不要做某事时，如果他看起来像故意在和你对着干一样，那的确很令人抓狂。你也可能因为他到现在还不能遵循明确的规则，或者因为觉得他本该更加懂事而丧失耐心。

孩子天生就冲动。帮助孩子在学会遵守规则的同时，保持天然的好奇心。

他的想法：

“我太激动、太想画画了。虽然妈妈叫我先不要画，但我等不及要动手画了。”

这个年龄段，孩子的思考–规划脑区正在发育之中。这是他脑海中的“主持人”，它对要不要干某件事保留了最终决定权。有时候，孩子想要做某事的情绪或生理欲望非常强烈，最终会凌驾于逻辑或理性之上；但随着时间的推移，“主持人”会获得更多控制权。

相关话题

“我要自己做！”：第38～39页
“看看我做了什么！”：第92～93页

如何应对

眼下……

①

明确后果。设定界线，并解释你的理由。在孩子打破界线时不要生气，否则会导致他出现“战斗还是逃跑”反应，导致大脑更难加工你说的那些话；相反，应该说明即时、直接的后果，这样他就能了解其中的因果关系。例如，“你没有等系上围裙再画画，所以现在你要换上衣服，必须等更长时间才能画画”。

②

复述指示。如果孩子看起来分心了，好像没有在听，确定一下他是否在思考你要求他做的事情，你可以说：“你和我解释一下我刚才告诉你的事情。”

长期而言……

保持耐心。父母可能会对孩子控制自身冲动的能力有不切实际的期望。不要感到受挫，或把他和你认为表现更好的孩子作比较。相反，要记住，有些孩子只是天性更为冲动。要接受孩子可能需要更多时间和练习来掌控这些情感这一事实。

谈论你如何控制冲动。向孩子展示你如何在决策时进行自我控制，如何做到不冲动地去做想做的第一件事。例如，告诉孩子：“我现在很想看本书，但我要先打扫房间，这样我们才能够好好地坐在里面。”

解释孩子的大脑如何工作。简单地向孩子解释一下他的大脑是如何工作的，以帮助他获得对自身冲动的控制感。告诉孩子，他的大脑分“楼下”和“楼上”，楼下的脑区使他想立即做他想做的任何事情，而楼上的脑区帮助他做出更明智的决定。如果他不那么着急，他就可以用上他的楼上脑区。

“这太好笑了！”

和孩子一起开怀大笑，是让你们更亲密、给家庭生活增添亮色的最佳方法之一。良好的幽默感能够让你的孩子更快乐、更乐观，以更强的复原能力去面对童年的起起伏伏。此外，它还能提升孩子的自尊。

场景 | 即使是你在做家务时，孩子也喜欢给你讲笑话，逗你大笑。

欢笑有益孩子的健康，可通过有趣的育儿方式教会孩子幽默。

他说：

“这太好笑了！”

讲笑话是非常重要的里程碑。这个阶段的孩子已经了解了什么是正常的，所以能够发现笑话有趣在哪里——笑话勾画了一个荒谬的世界，里面的人物会做或说一些出人意料的事情。鼓励孩子幽默一点，能够加强你们之间的纽带。幽默感还能在孩子以后交朋友和维持友谊时发挥作用。

相关话题

“我喜欢和你在一起。”：第108～109页
“在我还小的时候……”：第114～115页

你可能会想：

“噢，不，又是这个笑话！”

他的想法：

“让爸爸笑出来时我感觉很不错。”

有时候你可能会对孩子重复讲了好多次的笑话感觉有点厌倦。但对孩子来说，构想出与现实生活不搭的想法，如奶牛敲门或者鸡过马路，是一种新奇的感受。孩子讲笑话正表明他喜欢和你互动，你应该为此感到高兴。

孩子有幽默感，这表明他在使用左侧大脑加工语言，而使用右侧大脑找出诙谐情景中导致好笑的不同寻常之处。他也正在学习给事件排列顺序，因为在最后明确点出笑点的笑话才是好笑话。

如何应对

眼下……

①

积极配合。可以和孩子闹着玩，不要在乎“果汁洒出来”之类的小事故，这样你们就可以更加享受在一起的时光。孩子在有别人和他一起玩时最开心，所以要留出时间和孩子进行有趣的互动。

②

对孩子幽默一点。留意孩子觉得好玩的事情，这样你也可以和孩子开玩笑。不要用太过复杂的幽默，比如，那些孩子还不能理解的嘲讽，否则孩子可能会觉得迷惑不解。

长期而言……

不要理会“屎尿屁”笑话。在这个年龄段，很多孩子会觉得“屎尿屁”的笑话超级好笑。但如果孩子在别人面前讲这种笑话时，你表现出嫌恶或尴尬，可能只会强化孩子认为这种幽默是种禁忌的想法——导致孩子更觉得这类笑话有趣。

跟踪孩子的发展之路。从“遮脸突然放下”游戏到滑稽戏，到无厘头的话，再到7岁时已经能够玩的文字游戏，孩子的幽默感逐渐发展。孩子觉得有趣的东西，也给我们展示了他的思维发展之路。

练习变得有趣。欢快的笑声可以激活大脑中的奖赏通路，提升免疫力，减少压力。所以，让幽默融入家庭生活的核心吧。

“长颈鹿先生也可以坐下来吗？”

大部分孩子会玩过家家游戏，和自己的玩偶或动物玩具说话，就像它们是真的一样。还有40%的孩子会深化这个游戏，创造一个看不见的朋友。如果你的孩子是独生子，或者与哥哥姐姐年纪相差较大，他就更可能这么做。

场景 | 孩子坚持每次吃饭时在餐桌上给他想象出来的朋友安排一个位置。

他说：

“长颈鹿先生也可以坐下来吗？”

你可能会想：

“他这样没事吧？有一个想象出来的朋友正常吗？”

在寻找生活中有哪些地方可以让自己行使权力的过程中，你的孩子可能会认为有一个虚构出来的朋友很有趣，因为这样他就可以玩他喜欢的东西，并决定接下去要发生的事情。

你可能会有所担心，孩子创造出一个想象的朋友是不是意味着他很孤单？但这是非常正常的。这样的一个朋友（不管是隐形看不见的，还是像长颈鹿先生这样拟人化的形象）给了孩子一个拓展自己想象力、谈论感受、克服忧虑和施加控制力的机会。

相关话题

“我把泰迪丢了。”：第126～127页
“我没做过。”：第142～143页

他的想法：

“我喜欢和他玩，而且我可以把我做的淘气的事怪在他头上。”

孩子知道他的朋友只存在于自己的脑海中。但他想尽可能地让他参与到真实的世界中。而如果这意味着他有了一个“共犯”来做他本不该做的事情，那就再好不过了。

如何应对

眼下……

①

积极配合。绝对不要让孩子停止虚构他的朋友，但要向他明确表示，你知道他是虚构的。例如，可以让孩子在他自己房间里布置长颈鹿先生的就餐位置。这就让他知道你了解他是多么重要，并同时划清了真实世界和想象的生命间的界线。

②

不要让想象的朋友变成替罪羊。如果孩子责怪长颈鹿先生做了淘气的事情，或者说是长颈鹿先生叫他做的，这可能就表示你对孩子的管教太严格了——孩子可能太害怕而不敢承担责任。你要尝试好好反思一下，努力变得更善解人意一点。

长期而言……

帮助孩子结交真实的朋友。在有长颈鹿先生当玩伴的同时，约定一些大家一起玩的日子，让孩子可以和真正的小伙伴共度一些时光，进行各种谈判、妥协，并参与好玩的事情。

予以倾听。留心听孩子与他虚构玩伴的对话，借此了解他在想些什么。孩子会借助虚构的朋友来满足自己未满足的需求或觉得自己难以向成人表述的愿望。

记住，这只是短暂出现的一个阶段。在孩子七八岁时，过家家游戏会逐渐减少，大部分虚构的朋友也会“失宠”。虽然这种关系曾经非常紧密，但很多孩子在长大后就忘掉了他们的朋友。

搬家

对小孩子来说，家就是他们的整个世界，所以目睹自己的家被拆掉，可能会是一件令他们难以承受的事情。通过孩子的眼睛来看待这一转变，你会知道自己能做很多事情来帮助他们更快地安定下来。

经常有人告诉父母，搬家是人生中压力最大的经历之一。由于年龄、性情和环境不同，有些孩子会将之视为一场巨大的冒险，还有很多孩子会认为离开自己之前的家，就是失去了他们所知道的一切。

除非你进行解释，否则孩子可能还会对正在发生的事情感到困惑。比如，他们可能没有意识到可以带上自己的所有行李，也不知道自己的宠物可以一起到新家去。他们也可能会因为看到伴随自己长大的熟悉的物品（包括他们的玩具）消失在巨大的箱子里而感到焦虑。如果你正准备搬家，特别是对于大一点的孩子，他们会担心在新学校上学和交新朋友的问题。花一点时间帮助孩子理解将会发生什么，这可以让整个家庭的过渡更为顺利。

“要向孩子明确一点，家并不是指房子，房子里产生的爱才是家的意义。”

1

为改变做好准备

可以带孩子参观新家，明确告知他搬家是永久性的。解释搬家的过程，这样孩子就会理解搬家是从一个地方到另一个地方生活，而非去度假。

4

让孩子制订将来的计划

为了让孩子在新家中感到更自在，在如何让新家更加舒适惬意方面，尽量让孩子进行各种稳妥的选择，不论是选择他们新房间的颜色，还是为他们即将生活的新地方取一个有趣的名字。

6

在搬家那天让人帮忙照顾孩子

每个人都会在搬家时充满压力、疲惫不堪，你可以请一位亲密的朋友或亲戚，在你们到达新家那天照顾孩子。否则孩子会因为你忙碌而感到自己被忽视，或者觉得自己碍手碍脚。

最佳做法：

八项关键原则

2

解释你为什么打包东西

当你开始把孩子的东西打包进大箱子里时，孩子会以为这些东西要永远消失或者被扔掉了。向孩子解释它们只是被安全保存起来以方便搬运，他们很快又能见到这些东西了。

3

寻求孩子帮忙

无论孩子几岁，搬家都像是成人做出的决定。可以请孩子帮忙打包，例如，把他最喜欢的东西放到一个特别的箱子里，这样可以帮助孩子获得更多控制感。让孩子在纸箱上画画或写东西，让他保持忙碌的状态，也让他看看箱子里面是什么。

5

在之前的家中最后收拾孩子的房间，在新家则最先收拾他们的房间

如果在新家里有一个安全的地方，且他们的所有东西都在那里，孩子会感到更安全。最后再把孩子的箱子放到搬家的货车上，这样你就能够在到达新家时立即处理它们。

7

保持积极乐观

即使你们家的新变化是因为失业或父母分居而引起的，也要保持积极乐观的状态。孩子也会被父母的情绪感染。如果你准备好随遇而安，孩子也会如此。

8

坚持惯例

孩子需要可预测感来维持在家的感觉。到达新家后，尽快遵循以往的洗澡和上床时间。这会让孩子知道就算别的任何东西都变了，他也能依赖这些不变的事情。

各年龄段的

针对性建议

2～3岁

选择恰当的时机。尽可能延后向孩子解释搬家的适宜时间，但要在开始打包之前完成，这样孩子就不需要长时间生活在不确定之中了。

避免负荷过重。推迟其他比较有压力的转变，直到孩子已经安定下来，比如如厕训练。如果孩子出现退步，如想要用奶瓶，你要予以理解。

4～5岁

搬家演出。使用玩具卡车、玩偶屋或鞋盒代表之前的家和新家，利用角色扮演帮助孩子理解变化。

阅读有关搬家的故事书。有很多专门为儿童撰写的有关搬家的故事书，这些可帮助孩子理解搬家的过程。

6～7岁

有相同，也有不同。如果孩子必须换学校，提前让孩子参观学校。向孩子强调他们将学习相似的东西，所以不会全部从头开始。

新的玩伴。联系学校，和孩子班里的同学约定一起玩的日子，这有助于安抚孩子最初几天的紧张情绪。

“我喜欢和你在一起。”

在孩子的生命中，没有谁比你更重要；在你全身心关注孩子时，他会获得最大的安全感，这是谁都比不了的。这些安静、无干扰的共处时光，会成为你们两个人最宝贵的记忆。

场景 | 你和孩子一起手牵着手散步。

他说：

“我喜欢和你在一起。”

孩子有想要被照顾的生物本能。当这一需求得到满足时，他会形成安全的依恋。在此之前，孩子已经会通过要求抱抱来表明他觉得和你在一起时才感到安全。现在，在无数次听到你说爱他后，他已认识到爱的含义，他已经长大，可以反过来向你表达这一情感。

相关话题

“你总是那么忙。”：第128～129页
“你答应过的。”：第168～169页

你可能会想：

“这是如此特别的共处时光，这就是养育孩子的全部意义所在。”

他的想法：

“我感到安全和高兴。在妈妈专门和我一个人共度时光时，我感觉很好。”

在孩子继续成长、学会更为独立之前，在身体上接近你是他的一种本能。孩子把你当作他世界的中心，这有时候会让人感觉很辛苦，但如果孩子希望这样接近你时，就表明孩子对你形成了安全依恋。

虽然孩子现在会做很多事情来证明他的独立性，他仍需要不时和你一起共度时光，一起牵着手来补充能量。像这样的相爱时刻还会让孩子的大脑释放让人感觉良好的类鸦片活性肽，进一步加强你们之间的纽带。

如何应对

眼下……

①

以爱回应。和孩子说同样充满爱的话语，这样他会知道，你懂得他自发的情绪涌动。不要以笑话或嘲笑的方式做出回应，否则会让孩子羞于表达自己忠实的情感。

②

给予全心全意的关注。当你和孩子在一起时，要全身心投入，忍住不在他边上用手机。否则他会认为其他人对你更重要。

③

评价积极的情感。在你留意到孩子高兴时要告诉他，这样他就会知道你不只关注他难过的时候。在你看到孩子微笑和玩得开心时，告诉她：“你快乐的时候真可爱。”

长期而言……

看着孩子的眼睛。在孩子要求抱抱或让你跟他玩时，看着孩子的眼睛，表明你在听。他通过分享自己的喜怒哀乐和游戏来说“我爱你”，所以，在这些时刻你要做到全神贯注。

创造机会。现在的父母比以往任何时候都忙，所以要记得孩子需要你和他一起共度一些无干扰、安静的时光。这会为情感的增温创造机会，这是孩子与你最亲密的时刻。

“天空为什么是蓝色的？”

随着孩子对世界了解得更多，他们会想弄明白自己发现的事情。恰当回应孩子无穷无尽的问题，你就能帮助他们形成对这个世界更广泛的了解，同时鼓励他们的好奇心。

场景 | 在你准备午饭时，孩子向你问了一连串有关这个世界的问题。

他说：

“天空为什么是蓝色的？”

在这个年龄段，孩子大脑的活跃程度是大人的两倍。孩子现在已经可以自如地运用2000多个单词，这就扩展了孩子探究的能力，意味着他平均每小时会问你76个问题来获取信息。他以为你知道所有问题的答案。

你可能会想：

“这快要把我搞疯了，我并不知道所有答案。什么时候才是个头？”

孩子经常会问出一连串相互间没有什么关系的问题。面对这种问题轰炸，你很可能会疲于应对、筋疲力尽。虽然父母希望加强孩子的好奇心，但这样的提问有时候会让人感到恼火。你可以说你不知道，这没事的，你还可以说你想和他一起寻找答案。

在孩子问大量“为什么”时，你的耐心和鼓励可以帮助他们形成持续终身的学习热情。

他的想法：

“我刚刚知道了那么多新知识，我还想知道得更多。”

孩子正在求索信息——这个世界是一个令人兴奋不已的地方。孩子的大脑正尝试着将自己已经知道的知识串联起来。这样的探寻可以帮助孩子建立神经通路，他获取的答案可以积极促进他大脑中各种连接的形成。这个年龄段也正是孩子学习“有来有往”式对话的时间段。

相关话题

“这太好笑了！”：第102～103页
“在我还小的时候……”：第114～115页

如何应对

眼下……

①

随时停下来予以倾听。如果得不到答案来满足好奇心，孩子通常会不断地问同一个问题。答案不一定要复杂，例如，如果你的孩子问：“狗狗为什么是毛茸茸的？”你可以回答：“为了让它们感到暖和。”

②

欢迎孩子提问。给孩子答案时，要使用鼓励性的语气，这表明你真的想帮助他理解，而不是希望他保持安静。表扬孩子的学习热情。

③

弄清楚孩子为什么提问。研究表明，大部分时间，孩子是真的希望获得答案。但如果你认为他只是在提问以避开某些他不愿意做的事情，如整理玩具等，你可以回复：“这是一个好问题。我会在收拾好玩具后再回答这个问题。”

长期而言……

扩展孩子的思维。在孩子询问有关天空颜色的问题时，问问他为什么他认为是那种颜色。即使孩子仅仅是在猜测，这也会促使他以更积极的方式开动脑筋。

解释说明问题并非一定有答案。如果孩子问了有关探究生命本质的问题，比如，“我们死后会发生什么”或者“我们还会发现外星人吗”，告诉孩子这些问题存在很多不同的意见，而且有时候并无“正确”答案。

“但我没有听见啊。”

作为父母，你会面临的一大挫折就是，你得重复说好多遍才能让孩子做你想让他做的事情。你可以改变要求孩子的方式来鼓励孩子合作，而不用喊叫或唠叨。

场景 | 晚饭已经准备好了，虽然你喊了很多次让孩子从花园里回来，孩子还是待在外面。

他说：

“但我没有听见啊。”

你可能会想：

“我不想再唠叨了，看来他只在他想听时长了耳朵。”

在这个年龄段，孩子还是倾向于一次只注意一项活动。在你的孩子全神贯注时，他的大脑会排除与他的活动无直接关系的任何事情。所以，即使他听见了你在喊，他的大脑也不会录入这些喊叫声的意义。

你可能会觉得孩子在故意无视你。你还会感到生气，认为他在为难你。如果你了解孩子很可能需要帮助才能切换注意力，或者知道自己需要表达得更明确一点，你应该就不会那么沮丧了。

孩子没有在听时，不要尝试喊得更响，你应该做的是寻求孩子的合作。

相关话题
“我马上要动手了。”：第100~101页
“我不想收拾。”：第148~149页

他的想法：

“太好玩了，我要继续玩。”

如果孩子完全沉浸在自己的活动中，他可能就会选择不听你的话。还有一个可能是，如果你的要求听起来像是一个问题，那他会认为自己不需要回应。又或者，如果你经常唠叨，他会认为在你生气之前他没有必要听。

如何应对

眼下……

①

明确要求。不要问“你现在能进来了吗？”这样的问题，这可能会导致孩子认为他有其他的选择；相反，应该简单直接地告诉孩子你想让他做的事情。你可以说：“晚饭准备好了，是时候进屋了。”

②

降低你的声调。大喊大叫会让孩子的大脑进入“战斗还是逃跑”模式，这样他就更不能加工处理你说的话并照做了。相反，你应该使用坚定、冷静的语气。

③

进行眼神接触。如果孩子继续无视你，你可以走到孩子边上，蹲下来，看着他的眼睛。

长期而言……

寻求合作。应避免指责孩子“从来不听”。相反，你应该打动孩子，让他配合你。认可孩子想要继续玩的需求，但也要和他交谈，指出他也需要吃晚饭或者过一会儿他会饿。

开始倒计时。如果你觉得孩子可能会抗拒，就开始倒计时，让他知道游戏时间即将结束。这可以帮助孩子习惯他正在做的事情必须结束的想法。

“在我还小的时候……”

孩子大脑中的记忆中枢正在发育之中，长大后，他不一定会记得他现在记得的所有事情。但即使他会忘记一些事情，分享记忆也有助于增强孩子的自信，会影响他对这个世界的看法。

场景 | 你惊讶地发现孩子居然记得去年夏天休假时的一件事情，当时他才3岁。

他说：

“在我还小的时候……”

孩子现在还记得那次休假，但等他长大后他大概率不会记得这件事。研究者发现，孩子需要掌握更多语言能力才能永久性地储存记忆。在这个年龄段，他只记得几个片段，并没有记住事件的地点和时间背景以及他当时的感受。

你可能会想：

“我以为他现在已经忘记这些事情了。”

成人会忘记小时候的大部分事情，这种“幼年经验失忆症”对大脑的发育而言是必需的。享受这段孩子还记得你所创造的美好记忆的时光吧，这对孩子获得安全感和被爱感非常重要。

帮助孩子记住有趣的时光和各种挑战，让孩子从过去中习得经验教训，并因此更好地理解未来。

他的想法：

“我能够记住事情，所以我是一个真正的人。”

一般来说，孩子越大，能记住的事情也越多。虽然他现在的记忆可能无法永久存在，但它们会帮助孩子形成自我感知，帮助他了解自己在家庭中的角色。即使是上个月发生的事情，孩子也会说那是“我还小的时候”发生的。

如何应对

眼下……

①

倾听孩子的回忆。对孩子的回忆予以关注，并询问更多细节。当时他是怎么想的？有什么感受？这样的互动可以让孩子认为自己很重要，同时也认可了他体验这个世界的方式。

②

填补空白之处。这个年龄段，孩子经常需要他人的帮助才能提取记忆。给孩子看照片和重述事件，就像这是一个发生在他身上的故事。这也可以帮助孩子学会排列事件的顺序——这是一项有助于增强逻辑思维并理解因果关系的技能。

长期而言……

有趣的回忆。孩子倾向于记得他们认为最有趣的事情。在你说过去的一件事时，选择能够提示记忆细节的问题，如，“你记不记得我们去过一个有很多海盗洞穴的地方”？或“当时谁的冰激凌被海鸥给偷了”？

把回忆置于背景中。人的大脑往往更重视消极记忆。如果孩子倾向于多想这些方面，例如，讲他在休假时从自行车上摔下来的事故，你要认可这一记忆。但可以提醒一些有趣的事情，来帮助他获得更积极的感受，这样他对这个世界的感知会更为平衡。

向孩子展示他走了多远的路。和孩子谈论他的记忆，这样他会为自己已经走过的人生之路感到自豪。你可以指出那次休假时他还在学骑自行车，而现在他已经骑得很好了，提醒他是如何掌握新技能的。

相关话题

“你是伤心了吗，妈妈？”：第96～97页
“天空为什么是蓝色的？”：第110～111页

“我放弃了。”

顺应力是指人应对挑战、在失望后迅速恢复活力的能力。为培养这一技能，孩子需要通过试错找出自己可胜任的事情，明白持之以恒和从错误中吸取教训才是取得进步的最佳方法。

场景 | 孩子在努力将两个盒子粘起来制作一个模型。当做不到时，他生气地走了。

他说：

“我放弃了。”

作为父母，你自然想保护孩子，为他挡住困难和压力。但孩子需要时间和空间来找出对自己有挑战性的事情，这样他们才能锻炼解决问题和妥善处理事情的技能，而无须你来帮他解决困难。

你可能会想：

“他需要学会如何坚持，但我讨厌看到他这么难过。”

由于看到孩子难过会很不舒服，你会想干涉、介入。你也可能想避免孩子大发雷霆，因为这会让你很有压力。但让孩子自己完成这个项目，你将会传递这样的信息：告诉他，你相信他可以独立做到。

相关话题

“刚才做得还好吗？”：第164～165页
“我希望这是完美无缺的。”：第172～173页

他的想法：

“如果大人不得不帮忙，那就表示我自己一个人没法做到。”

你的孩子因此会不再享受过程，而是认为完成事情只有一种方法，那就是依靠你。如果你不断干涉，他会觉得你认为他无法自己做到。孩子需要空间和练习来培养自己的顺应力，并进行不断的尝试。

如何应对

眼下……

①

重新叙述孩子的想法。让孩子用他解决问题的能力，想一想将盒子粘在一起的其他方法。或者建议孩子运用创造力，想一想如何把这变成一个不同的模型。正式认可孩子的努力，你可以说：“我看到你很努力。”

②

展示他进步了多少。提醒孩子他小时候做不到，但现在已能够做到的事情，例如画画。告诉孩子，通过练习他能够在艺术项目上做得更好。

长期而言……

不要“碍手碍脚”。在孩子身边转来转去、介入解决问题的父母，会让孩子觉得自己无法独立完成事情。请后退一步。

给孩子提供大量自由玩耍的机会。孩子在感到自己能干时，会建立自信。在这个年龄段，可以给孩子提供大量他可以选择由自己完成的、真实的实践性游戏。这会帮助孩子发掘自己能干、擅长的事情。

鼓励正确的做法。有针对性地表扬孩子，表明你正在留意他在学习新技能过程中的小小进步。表扬孩子的变通能力和毅力，这样他就不会在没有获得最终“完美”结果时感到自己失败了。

“我怕黑。”

在想象力起飞、越来越注意到周围的广阔世界之后，四五岁的孩子开始害怕很多事情，其中大部分在大人看来没什么可怕的。他们最常见的恐惧之一是怕黑。

场景 | 因为在房间关灯后非常害怕，孩子不肯睡觉。

他说：

“我怕黑。”

你可能会想：

“这没什么好害怕的，他现在只是在找借口不去睡觉，在博取我们的关注。”

这个年龄段的孩子大约有一半都怕黑。虽然对现代的家长来说并无益处，但是这种恐惧曾在人类进化中发挥作用：在孩子变得更好奇、更有能力去探索世界的年龄段，怕黑可以阻止他们晚上出去闲逛，以防止他们迷路，或者更糟——被猎食者（或野兽）吃掉。

通常这一害怕阶段会在数个月内消退。所以不要否认孩子的恐惧，错误地将之当作他在恳求关注。如果否认孩子的担忧，或用生气和失望来回应他，孩子可能会变得更害怕。

向孩子示范如何控制自己对未知的恐惧并安抚自己，让孩子也学会这些。

他的想法：

“我想要爸爸妈妈，在黑暗中我找不到他们。”

对你的孩子来说，黑暗就像一个巨大的洞，会把他吞噬。他的害怕是真实的，因为黑暗意味着他看不见能够让他确信自己安全的熟悉的物品或环境。而且，他的焦虑可能会让他对房子的嘎吱声或外面的声音非常敏感。

如何应对

眼下……

①

问问题。弄清楚孩子到底在害怕什么。让孩子谈论他的感受，总结和复述他的话，这样他就知道你在听且理解了。帮助说出他的各种担忧的名称，这样他会感到自己更有控制感。

②

让孩子的房间成为安全港。应该让孩子的房间成为一个让他感到安全的地方，所以绝对不要把让孩子待在房间作为惩罚。规律的上床习惯可以让孩子确定接下去会发生什么，以及什么时间房间会关灯。把房门打开，让孩子和你们之间没有任何障碍，这可以给他更多安慰。

③

调整照明物。可以买一盏小夜灯，最好是友善的动物形状，这会让孩子有安全感。小夜灯会在房间里散发温暖的光芒，这样孩子就能够看见自己周围的东西，从而感到安心。

长期而言……

检查孩子曾经观看过的东西。孩子有没有看过哥哥、姐姐或者朋友玩适合更大年龄孩子玩的电子游戏？或者有没有看过让他充满恐惧的吓人的电影或是听过鬼故事？有时候，无意中听到或是瞥见一眼电视新闻，就足以触发这个年龄段孩子的担忧。

帮助孩子更改故事。在一天中除睡前外的另外时段，给孩子讲一个以他为主角的故事，在故事里他克服了自己害怕的东西，比如怪物或黑暗。找一个能够帮助孩子在白天剖析自己害怕的各种东西的好故事。

相关话题

睡觉难题：74～75页
“我做了一个不好的梦。”：第140～141页

“我要告状。”

父母希望鼓励孩子了解对与错之间的区别。但有些孩子会把自己任命为大人所制订的规则的执行人，没有意识到告状会让自己多么不受小朋友的欢迎。

场景 | 孩子不断来向你告状，说他的玩伴在做手工时没把胶水的盖子盖回去。

他说：

“我要告状。”

到这个年龄段，孩子已经通过你和其他大人了解了对错。他还非常渴望得到你的认可，以为获得认可的最好办法之一就是向你证明他知道所有规则，而且还会代表你执行这些规则。

你可能会想：

“他为什么连这么小的事情都要告状呢？如果他继续这样，他会不太受欢迎的。”

你可能会感到比较矛盾。一方面，你可能会很高兴孩子接受并认真考虑你制订的规则；但另一方面，你可能又会感到恼火，因为孩子一直不断要求你介入仲裁。你可能还会担心，因为你可以看到对别的孩子来说这有多么令人讨厌。

你可以帮助孩子培养判断力，让他衡量什么时候应该向大人寻求帮助，什么时候应该让小朋友自己决定。

他的想法:

"如果我告诉大人别的孩子没有照他们说的做，我就帮了忙。"

孩子可能希望获取你的认可或关注。他也可能是想报复不按照规则玩的玩伴，以为大人的干涉会给他带来优势。或者，可能你的孩子是一个坚持规则的人，只是不知道在自己和别的孩子玩得不顺利时还有什么别的处理方式。

如何应对

眼下……

①

了解孩子的动机。 孩子是真的担心规则被违反了，还是想用告状的方式来获取你的关注和认可？如果你怀疑是后者，告诉他："我对你在干什么更感兴趣。"

②

解释告状和告诉之间的区别。 告诉孩子，告状就是他希望让别的孩子陷入麻烦之中，而告诉是让大人知道，有的孩子在做可能会伤害他们自己或别人的事情。

③

说明关键因素。 建议孩子每次问一下自己："有人处于危险中吗？有人在哭吗？"如果答案是"不"，告诉他应该让别的孩子自己弄明白该如何表现。

长期而言……

不要奖励告状。 如果你立即冲过去管教其他孩子，就是奖励了你的孩子，在兄弟姐妹的纠纷中，尤其如此。你的孩子会知道，告状会获得好的结果，所以这种行为以后会变得更频繁。

帮助孩子明白别人如何看待他。 向孩子解释清楚，如果别的孩子总是担心他去告状，他们就不会想和他玩。给孩子提供机会来练习判断何时该寻求大人的帮助，帮助他了解什么时候应该让大人介入进来。例如，在大家争吵由谁扮演游戏里的独角兽，或者他朋友弄伤了他的膝盖时，是否应该寻求帮助？

相关话题
"他们说我是一个'哭包'。"：第138～139页
"你不能来我的派对。"：第152～153页

乘车出行

旅行对孩子来说可能会很无聊、很艰难——在你精力旺盛的时候，身体受到束缚可不是一件开心的事。但通过了解孩子现在所处的发育阶段，你可以让一家人的出行变得更愉快一些。

年幼的孩子还不理解时间的抽象概念或者1个小时是多长时间，所以他们会不断重复问“我们到了没”，让大人也颇为恼火。他们也还不了解时间和距离的关系，所以，在不知道需要在动弹不得的座位上坐多久时，他们会变得垂头丧气。

不过，不要把长途自驾游视为忍受折磨，相反，这可以成为父母和孩子一起放松、享受乐趣的好机会。

话虽如此，在孩子还在学习控制冲动和保持耐心的时候，期待每次旅行都一帆风顺还是过于乐观了。把哥哥姐姐、弟弟妹妹安排在一起，孩子们的躁动和吵架会立即升级。所以，得好好做准备，以减少出行的压力，让旅途更愉快。

1

提前安排点心和娱乐活动

在长途旅行之前，问问孩子他想带什么东西消磨时间——孩子的“乐趣包”里可以装入他最喜欢的故事或歌曲的音频CD、包含各种互动游戏的活动书或纸牌。

4

讨论安全带的问题

有些孩子很讨厌长时间被安全带绑住，但这并没有妥协的余地。向孩子解释安全带可以在发生事故时保护他们，可以进行乘车出行的角色扮演游戏，让孩子告诉某个玩具为什么必须系上安全带。

6

不要只依赖电子产品

如果你认为电子产品会对旅行有帮助，最好也设置时间限度。否则你的孩子会期望一直都用它来娱乐自己，即使是短途旅行。提前决定并告诉孩子你会在旅途的某个时间点让他看一部电影或看一集电视剧。

最佳做法：

八项关键原则

2

形成统一战线

你和你的伴侣应该就如何处理常见的问题达成统一战线，如兄弟姐妹吵架，孩子要求玩电子产品。提前解决任何不满，因为如此近距离看父母吵架，会让年幼的孩子很害怕。

3

和每个人互动

将旅途视为大家在一起交谈的机会，而不是不管孩子，直至他们变得厌烦，开始抗议。为让路上的时间过得更快一些，可以玩互动游戏，如“我看见”游戏或者观察车牌，或者让他们观察地标物、颜色和不同形状的云。

5

分开应对每个孩子

如果兄弟姐妹间的打架变得严重，可以靠边停车以解决问题。听听每个孩子的陈述，问问他们怎么可以让剩下的旅途更顺利。如果有别的大人帮忙，可以带每个孩子稍微散一下步，释放一下负面情绪。在孩子回到车里时，在他们之间设置障碍，让他们在彼此能触碰的距离外。

7

使用简单的时间标记物

受限于年龄，孩子对时间的理解可能有限。所以，你可以用孩子能够理解的方式关联旅途的信息，如“我们会在吃完午饭后到达那里”，或者“当田野变成城镇之后……”。

8

为晕车做好准备

如果孩子不能看窗外的风景，或者将注意力放在书或小玩意儿上面（对大点的孩子而言），他们可能会晕车。晕车是因为内耳感受到运动，但眼睛和身体未感知到运动，这会导致恶心感。可以鼓励孩子看看窗外，并谈论游戏和故事，以吸引他们的注意力。

各年龄段的

针对性建议

2～3岁

准备睡觉。如果要进行长途自驾游，可以考虑在夜晚或凌晨出发，这样孩子可以在大部分时间睡觉。

定期休息。留心路上可以停车休息的地方，如公园、服务站或游乐场。

4～5岁

“我们到了吗？”贴贴纸。玩游戏，看看孩子能忍住几次不问“我们到了吗？”。使用一页贴贴纸，在孩子每次问时，揭下来一个，把它粘在仪表盘他可以看见的地方。在旅途结束时，他可以保留所有剩余的贴贴纸。

音乐时刻。这个年龄段的孩子喜欢表现他们知道的事情。完整播放他们最喜爱的歌曲，然后暂停，让孩子唱完。

6～7岁

看地图。你的孩子现在已经具备了空间理解力，可以跟着地图前进。为使旅途更轻松，可以给孩子一张备用地图，给他一些挑战，让他用手指跟踪路线。这会让孩子体验到控制感，让他知道自己要去哪里，也使他能够弄明白你们已经走了多远。

“你更爱她。”

兄弟姐妹间的争吵，是家庭生活的一部分。由于孩子的原始需求就是获取父母的关爱和保护，所以这种问题不可能完全避免。了解孩子们到底在争论什么，可以帮助你更好地做出回应、减少矛盾。

场景 | 在决定看哪部电影时，孩子没能按照自己的心意想看什么就看什么，他说你更爱他的姐姐。

妒忌和争斗会持续整个童年期，而且孩子并不会因为长大而完全摆脱这些，所以父母需要确保自己不会为此制造更多理由。兄弟姐妹间的争斗会以多种方式表现出来：

- **争夺你的注意力。**这源于他们不想输掉食物或保护的本能。争斗的核心原因，是兄弟姐妹们谁也不愿意父母对自己的爱有任何减少。
- **所有物的争夺。**通常是因为弟弟或妹妹的分享技能落后于他们的哥哥或姐姐。孩子天生喜欢寻求新鲜感，所以觉得对方的东西看上去更有趣。年长的孩子也可能会发泄沮丧，因为弟弟妹妹抢走了你的关注而做出报复行为，或者想掌控自己的地位。

从对页获取建议，以更好地留意预警信号、理解触发因素，并做出最好的应对。

兄弟姐妹间的争斗提供了一个训练场，可以让孩子安全地学习如何处理矛盾。

相关话题

“我讨厌她。”：第130～131页
“我从没想要个弟弟。”：第134～135页

可遵循的做法

评估兄弟姐妹间的争斗

争夺你的关注

信　号

在你和另一个孩子在一起的时候指责你，或策划做出破坏性行为。

指控你偏心，说你更爱另一个孩子。

问你，你最爱谁。

触发因素

睡觉时，哥哥或姐姐被允许晚一点睡。

争论吃饭时谁坐你边上。

你和哥哥、姐姐、弟弟或妹妹互动。

听到你表扬哥哥、姐姐、弟弟或妹妹。

感觉在上床睡觉时间上受到了不公平的对待。

应　对

1. 认可孩子的妒忌心理，告诉你理解他为什么会妒忌，而不是敷衍了事，或说没有理由需要妒忌。
2. 说你喜欢孩子真正的样子，告诉孩子他是独一无二的，以及你就喜欢他原本的样子。
3. 按需分配时间，解释为什么有些时候需要花更长时间和他的哥哥、姐姐、弟弟或妹妹在一起，比如，因为他们生病了。
4. 每天给每个孩子都留出相同的和爸爸妈妈独处的特别时间。
5. 不要比较，即使你是以积极的方式表扬孩子的哥哥、姐姐、弟弟或妹妹，也还是会传达出孩子们处于竞争之中这样的信息。

争夺所有物

信　号

用力拉、抢其他孩子的玩具或东西。

打架和破坏游戏。

未经允许使用其他人的东西。

触发因素

无聊。

希望行使权力。

妒忌其他孩子，想要报复。

希望控制某个游戏的玩法。

沮丧、受挫，导致有破坏的冲动。

应　对

1. 不要去分辨谁是攻击者，因为如果一个孩子认为自己输了，另一个孩子认为自己赢了，两人之间就会触发更多的敌意。
2. 问孩子他们对如何解决矛盾是否有任何想法。如果他们想出一些想法，可以大力进行表扬。
3. 鼓励需要团队合作的游戏，因为如果孩子一起为一个共同的目标努力（比如，搭一座城堡），他们就会建立更紧密的联系。
4. 给孩子个人空间，如“神圣”玩具架，孩子可以在上面放自己不想与别人分享的玩具。
5. 定期召开家庭会议。确保每个孩子都感到自己发表的意见能被听到，让每个孩子在定期会谈中表达他们的感受，说说什么令他们感到恼火。

“我把泰迪丢了。”

孩子现在理解了自己是一个与爸爸/妈妈相独立的个体。但他仍可能想从某一物品中获取额外的安全感，如毛绒玩具或毯子，以在你不在时安慰自己。

场景 | 你想要出门，但孩子不肯去，因为他找不到自己最喜欢的毛绒玩具。

他说：

“我把泰迪丢了。”

你可能会想：

“我们现在得出去。他是不是得戒掉整天带着泰迪这个习惯了？”

8个月到1岁间，孩子开始理解你不会一直和他在一起。为弥补这一空缺，他会转而使用自己最喜欢的玩具或物品。这对你的孩子有特殊意义，因为他可以一直带着这个玩具。

不管情况有多么让人郁闷，泰迪是孩子发育过程中的重要组成部分，这表明孩子在找方法安慰自己。在孩子准备好之前就处理他对泰迪的需求问题，可能只会让他更紧地抓住玩具不放手。

为了安抚自己，孩子会紧紧抓住特殊玩具不放。

他的想法：

"我之前一直和泰迪在一起。它让我感到安全。"

孩子依恋泰迪，并不是他没有安全感或软弱的象征。相反，泰迪可以在孩子上床睡觉或面临新情况时帮助他获取安全感，是支持孩子完成从依赖他人到独立这一转变的好伙伴。

相关话题

"长颈鹿先生也可以坐下来吗？"：第104～105页
"我怕黑。"：第118～119页

如何应对

眼下……

①

告诉孩子你理解他。泰迪失踪时，镇定地告诉孩子，你知道泰迪很重要，他在回来后会有更多时间找泰迪。同时，向孩子保证泰迪很安全。

②

设定界线。如果你觉得孩子在使用毛绒玩具当借口，以拖延出门的时间，向他明确说明你仍然必须出门，而他会在回来时有更多时间找泰迪。

③

分散孩子的注意力。如果孩子对自己必须在没有泰迪的情况下出门感到很难过，可以通过说话、唱歌、玩游戏分散他的注意力。帮助孩子运用应对性想法，如"我足够强大"或者"我可以做到的"，由此向他证明，他在没有泰迪时仍然会很坚强。

长期而言……

两个泰迪。如果孩子去哪里都带着泰迪，那就始终都存在泰迪会丢失的可能。买一个完全相同的玩具备用，以防泰迪被放错地方而找不到，而且，在你必须清洗原版玩具时也能有个替代品。不时调换它们，以使两个玩具的味道和感觉相同。

逐渐减少。大部分孩子会在大约6岁时自动放弃依恋物，因为他们开始认为这些物品太孩子气了。如果你感到孩子需要帮助才能独立，可以将泰迪放在家中，仅允许孩子在上床睡觉时和它在一起。或者，如果孩子的安全物是毯子，看看他是否愿意让你把毯子剪成小方块，放到他的口袋里。

“你总是那么忙。”

对孩子来说，爱就是时间。所以，如果孩子觉得你太忙，不能给他全身心的关注，他最后会感到自己被厌弃了。留出高质量的相处时间，给孩子全身心的关注，这能够让一切都发生改变。

场景 | 在孩子请你一起去玩时，你告诉他，你必须先网购好食品等杂货。

他说：

“你总是那么忙。”

你可能会想：

“不能和他玩让我感到愧疚，但我要做的事情实在太多了。”

孩子进入我们的生活后，立即就占用了我们大量的时间和精力，所以我们会很难给予孩子让彼此都满意的充足的时间。但如果你们没有足够的高质量相处时间，孩子可能会觉得他对你并不重要。

在这些时刻，你很可能会同时感受到时间压力和情绪压力。你也可能会感到内疚，最终导致你不知所措。在你感到不堪重负时，你可能会失去同理心，在和孩子相处时脾气急躁。

向伴侣和家人寻求帮助——养育一个孩子需要一个“村落”，而不仅仅是一个筋疲力尽的成年人。

他的想法：

“为什么妈妈认为其他事情更重要呢？我感到很伤心。”

在这个年龄段，孩子认为你如何分配自己的时间完全由自己决定。他还未完全理解，你除了当他的爸爸妈妈外还有别的工作，所以可能会觉得是你选择不和他玩。而且，你的情绪也会蔓延，他可能会“染上”你的压力。这可能会表现为情绪爆发、生气甚至是退缩。

如何应对

眼下……

①

解释为什么。向孩子展示你正在做什么，跟他解释你做这些是为了整个家，这样他就会理解你现在没法和他玩是有原因的。

②

陪伴孩子。在你做好自己的事情后，安排一起玩的特定时间。同时，让孩子计划一项你们都可以期待的活动，并兑现你的承诺。

长期而言……

安排每天的一对一相处时间。即使每天只留出15分钟让孩子决定和你在一起干什么的时间，也会向孩子表明他是你的最优先“事项”。这一特别时间应该规律、可预测且没有手机干扰，这样孩子就会知道你始终会和他共度那段时间，从而让孩子产生安全感。

不要让孩子觉得你的手机或电脑更有趣。如果父母盯着手机或电脑挪不开眼，孩子可能会觉得自己没有得到关爱。和孩子在一起时，尽可能不要使用这些设备。

减少你的负担。看看自己有无负荷过重的迹象，如脾气很急，或对自己有那么多事情要做感到怨愤。留出时间让自己看本书、泡个澡或见见朋友，采取行动为自己补充能量。

相关话题
“看看我做了什么！”：第92～93页
“我喜欢和你在一起。”：第108～109页

“我讨厌她。”

兄弟姐妹间天生在竞争着你的爱和关注。再加上他们一天到晚在一起，而且仍在学习控制自己的情绪和冲动，所以你的家里如果时不时像“战区”一样，就没什么好吃惊的了。

场景 | 因为“太令人恼火”而被7岁的姐姐赶出她的房间，弟弟说，他讨厌姐姐。

他说：

“我讨厌她。”

虽然这些极端情绪有些让人苦恼，孩子对自己的兄弟姐妹抱有矛盾的感情是很正常的。兄弟姐妹的关系通常是最有敌意的，因为有那么多要抢夺的东西，爸爸妈妈的爱也在其中。这些往往会引发孩子最激烈的冲突，因为他们有大量时间在一起，哪儿也不能去，很容易成为彼此挫败感的发泄对象。

兄弟姐妹间的关系可以教会孩子分享等终身受益的技能。

相关话题

“我要气爆炸了。”：第98～99页
“她太讨厌了。”：第146～147页

你可能会想：

“我希望我的孩子们长大后能成为朋友，为什么会变成这样？”

他的想法：

“当姐姐叫我走开时，我感到很受伤。”

由于吵架通常在你看不见的地方就开始了，所以很难知道到底该怪哪个孩子。你可能会觉得大一点的孩子应该更懂事一点，但才7岁的孩子并不知道弟弟的思维过程仍不成熟，所以在弟弟没有达到她的游戏水平时，她会生气。

更小的孩子可能会觉得生气、失望和自卑。他的挫败感已经触发他的原始低级脑区，所以他无法更具体地区分自己的感受，只好把这总结为仇恨。但这只是暂时的——如果姐姐现在叫他一起玩，他会接受的。

如何应对

眼下……

①

认可孩子的全部感受。向孩子表示你已经理解他对姐姐有不同的情感，但情况会变得很快，比如，在姐姐不和他玩时会感到生气，在他们玩得好的时候又感到开心。

②

鼓励孩子表达他的意思。帮助孩子说明自己生气的原因，这样他就能摆脱这些情绪。告诉他：“我听到你说你对姐姐很生气。我猜，你感到伤心是因为她说她不想和你一起玩，对吗？”

③

避免给孩子们的关系贴上负面标签。不要让你的孩子听到你说他们“处不好”，否则他们也会这样定义彼此的关系。

长期而言……

创造机会让他们一起开心地玩。让孩子合作完成任务，或尝试玩游戏，让他们组队对付你。让你自己成为他们共同的“敌人”，可以让他们的关系更密切。

教会更大的孩子共情。在大孩子难过的时候，你要更善解人意一点，这样他会学着把这种友善的行为传递给弟弟妹妹。

“我感到很伤心。”

父母通常认为孩子的生活是无忧无虑的，他们始终都是很快乐的，除了他们无法为所欲为时偶尔爆发几次。但事实上你的孩子会在一天中经历各种各样的情绪。

场景 | 从家里走路去学校的路上，你注意到孩子很安静，看起来情绪低落。

他说：

“我感到很伤心。”

孩子往往会比大人经历更强烈的情绪，这也许是因为他们更容易刺激到原始脑区。这就意味着像悲伤等主要、压倒性的情绪会特别强烈。坦诚地和孩子聊聊天，你的孩子正向你展示，他相信你会倾听的。

你可能会想：

“他还这么小，他到底在伤心什么呢？”

听到孩子说他感到伤心，你可能会感到担忧，因为童年通常被描绘为无须担心世界上任何事情的一段时光。你可能会觉得你有些辜负孩子，因为他的童年并不是百分之百快乐的，你感到这是你的责任。

帮助孩子理解情绪的起起伏伏，让他知道总会有办法控制住情绪。

他的想法：

“今天有事情让我感觉很糟糕，现在我的身体感觉很沉重，我感到很伤心。”

随着孩子长大，他将能够分辨自己的情绪，并说出它们的名称。现在，他正在了解因果关系，他意识到，发生什么他不喜欢的事情后，他的感受会受到影响。他还发现，悲伤的感觉混合了担心、疲惫感，也让人更容易流眼泪。

如何应对

眼下……

①

准备好倾听。让孩子表达自己的情绪。如果孩子的悲伤情绪没有得到处理，它们会以其他方式——生气、肚子疼或睡眠问题——浮现出来。所以，向孩子表示你已经准备好听他倾诉。握紧孩子的手或直接抱抱他，之后，为他留出一些特别的时间。

②

帮助孩子处理情感。不要问很多“为什么”，相反，可以问他是否想谈谈一整天的经历，把它变成一个故事。如果他不想回忆痛苦的经历，告诉孩子他可以跳过这部分。重新讲述经历可以帮助孩子将乱糟糟的感受拼凑起来，使他更明白这些感受。

③

告诉孩子情绪会过去。虽然孩子现在感到悲伤，但并不意味着他会一直维持这种感受。向孩子解释“我现在感到很伤心”和“我是一个悲伤的人”之间的区别。可以问孩子他现在觉得自己待会儿，明天或是下个星期会是什么心情，帮助孩子从长远一点的角度看问题。

长期而言……

培养对情绪的意识训练。让孩子在体验到情绪时关注自己身体的感受。向他展示，在玩游戏或跑步等体育活动中可以帮助他转变情绪状态。

探索你自己的情感。孩子有时候就是整个家庭的情绪温度计。想一想，是否有任何特别的担忧可能会影响孩子的情绪？如果你觉得自己对孩子的悲伤情绪感到恼怒，和朋友以及家人谈谈会有所帮助，可以让你弄清楚自己的情绪。

相关话题
“我要气爆炸了。”：第98～99页
“我希望这是完美无缺的。”：第172～173页

“我从没想要个弟弟。”

第一个出生的孩子原本是家中唯一的孩子，在人生的最初日子里享受着父母的全部关注，而当你把弟弟或妹妹带到这个家后，孩子的生活很可能会发生翻天覆地的变化，他会把弟弟或妹妹视为争夺父母关爱的对手。

场景 | 你们刚迎接了第二个孩子的到来，感到非常高兴。

他说：

“我从没想要个弟弟。”

虽然你们生第二个孩子的部分原因可能是为了给大孩子一份礼物，让他有个伴，但大孩子一开始不太可能会这样看待问题。第一个孩子习惯于认为世界是围绕着他转的，会觉得对与别人分享爸爸妈妈特别难以适应。

相关话题

“我喜欢和你在一起。”：第108～109页
“你更爱她。”：第124～125页

你可能会想：

"这可不是我原本计划的快乐之家。"

他的想法：

"我不想和任何人分享爸爸妈妈。"

现在孩子意识到这个新生的小宝宝会永久存在，当他告诉你他希望把小宝宝送回去时，你可能会感到震惊和失望。你也可能会因为无法像以前一样花那么多时间陪伴他而感到愧疚。

孩子很可能会对你生气——因为你带了一个"竞争对手"回家。而你们告诉他，唯一的好处是他会得到一个玩伴，这个好处也很快会动摇，因为婴儿一开始的全部生活就是吃和睡，这会从他身上抢走你们的关注。

如何应对

眼下……

①

不要告诉孩子他应该怎么想。让孩子谈一谈他的感受和担心，这样你们就可以直接解决问题。向他表明你已经理解他，他表达自己的想法完全没有问题，你可以说："我知道生活改变了很多，你想让它回到原本的样子。"

②

向孩子提供表达情绪的其他方式。如果孩子无法找到准确的词汇，可以让他通过画画表达自己的情感，或是用玩具发泄情绪，即使这意味着他会用暴力来缓解自己的沮丧。

长期而言……

创造特别时刻。尽你的能力保持与大孩子的紧密联系。例如，用背巾抱小的孩子，这样你的双手就能空出来和大的孩子玩。

寻求帮助。和你的伴侣以及家人讨论，你们可以如何帮助大孩子感到自己是特殊的，让这一困难时期变得更轻松一点，还可以安排孩子和你们的一对一相处时间。

不要让小的孩子变成一切。避免将小的孩子当作你无法和大孩子在一起的理由，也不要让大孩子感觉自己的主要角色就是帮忙。表扬孩子取得的成就，告诉他弟弟或妹妹对他很感兴趣，比如，你可以说："看，弟弟（妹妹）正看着你玩呢。"

怎么照顾生病的孩子

在早期阶段，孩子会在增强免疫力的过程中生各种小病。不管是什么病，你都需要以富有同情心的方式按实用原则照顾孩子，帮助他们形成身体和心理的抗挫力。

在孩子生病时，你自然而然地会担心，并想要保护他。在孩子说“我感觉不太好”或“我肚子疼”时，你通常很难评估孩子的疾病状况，因为他并不具备足够的词汇来描述自己的感受。

由于父母都想尽可能地和蔼可亲，那么，生病期间是否还适用往常的习惯和行为期望？

如果对孩子的病情有任何疑问，请寻求专业意见。

“孩子生病时，要保持镇定并让自己安心，这样才能帮助孩子保持镇定。”

1

示范对个人健康的积极态度

孩子们会从你处理疾病的方式中获取线索。在你生病时，向孩子示范抗挫能力和如何照顾自己。

4

谈论勇敢

告诉孩子，在他的身体努力变好的同时，成为一个勇敢的病人，并遵循你的建议是有帮助的。

7

坚持界线

尽可能地坚持已有的家规，例如，不准打哥哥姐姐或弟弟妹妹，并限制手机的使用时间。如果规则有所妥协，则逐步回归以往的期望标准。

9

记得其他孩子

如果一个孩子生病了一段时间，确保其他孩子不会感到自己被冷落。安排专门的时间关注他们。

最佳做法：

十项关键原则

2

强调病情越来越好

和孩子讨论他现在的身体有多强壮，以及身体在自我康复方面有多好。如果和别人谈论孩子的病情，应在他听不到的地方谈。

3

查看指导准则

并不是所有病都得请假不上学。问问你自己："我的孩子是否病得太重，以至于无法参加活动？""如果是我生病，我会请假吗？"如果任何一个问题的回答是"是"，那么让孩子待在家里。

5

保持中立

在孩子说他头疼或其他地方痛时，予以倾听。在孩子向你描述生病的感受时，不要表现得过于焦虑或情绪化，因为这可能会强化他不恰当地寻求关注行为。

6

多抱抱孩子

在孩子生病时，他可能会倒退而出现更多婴儿般的行为，会更依恋你。请你做出相应的回应。

8

弄清楚优先事项

如果你在工作，你有权申请可自行决定的紧急事假来照顾生病的孩子，不管是作为无薪假，还是利用一天假日。

10

分担责任

即使伴侣双方都有工作，照顾生病孩子的任务往往还是会落在妈妈身上，有72%的女性称，她们是最可能请假照顾生病孩子的人选。当疾病来袭时，可以和伴侣讨论如何分担照顾孩子的责任。你和你的伴侣能否划分时间，比如一个晚点儿上班，一个早点儿下班回家？两个人中是否有谁更方便通过周末加班来弥补所耽误的时间？

各年龄段的

针对性建议

2～3岁

身体语言。年幼的孩子可能会通过身体来表达情绪上的不适。观察孩子头疼或肚子痛的模式。

无须躺床上。年幼的孩子可能会一边发烧，一边想跑来跑去。如果你没办法让孩子卧床休息，也不要担心。

4～5岁

慢慢来。在生病后，有些孩子会因为要回学校上学而感到紧张。让孩子安心，保证一切会像从前一样。

根本原因。研究发现，在这个年龄段，孩子对病因的理解有限。要向孩子明确，生病并非他们的错。

6～7岁

医生和护士。研究发现，对于6岁的孩子而言，在生病时，他们可能会认为药物治疗是一种惩罚，除非有人解释这会如何帮他们恢复健康。

传染病。到7岁时，孩子已经意识到可能会从别人那里感染疾病，让孩子了解这些传染病。

“他们说我是一个‘哭包’。”

到2岁时，孩子已经开始能够使用语言来表达自己的感受，并学会更好地调节自己的情绪，所以会哭得更少。但有些孩子在性格上会更敏感，更容易掉眼泪。

场景 | 孩子告诉你，他的同学不想和他玩，因为他们说他是个“哭包”。

他说：

“他们说我是一个‘哭包’。”

你可能会想：

“为什么他就不能坚强起来？”

孩子可能还没意识到，哭泣虽然可以从成人那里获取同情，但小朋友会认为这很烦人。他哭起来会中断大家的游戏，而且往往会有大人介入进来。然后，小朋友们会因为他“破坏”游戏乐趣而对他生气。

由于长期以来人们对男孩的期望都是“男子汉”形象，如果你有一个儿子，你可能会无意识地要求他更少哭、更坚强。所以，你可能会想让你的孩子掩饰自己的情感，这样他的同学就不会叫他“胆小鬼”或“哭包”了。

不要认为你要发挥的作用是让孩子的心肠变得强硬一点，相反，你应该帮助他学会管理自己的情绪。

他的想法：

“在我难过时，我就会哭。我忍不住。”

你的孩子可能只是比别的孩子更难控制自己的情绪。研究发现，有15%～20%的孩子天生就带有更敏感的性情。通常在还是婴儿时，他们就更容易受到惊吓，而长大一些后，他们更容易感到忧虑。

如何应对

眼下……

①

帮助孩子忍住眼泪。给孩子展示缓慢的呼吸可以帮助他镇定下来。帮助孩子练习用鼻子吸气，用嘴巴呼气。这样呼吸会减慢肾上腺素的释放，帮助孩子更镇定、更理性。

②

保持性别中立。不要告诉孩子，因为他是一个“大男孩”，所以不能哭。男孩和女孩一样需要表达自己的感情。

③

帮助孩子正确看待情绪。在鼓励孩子谈论自己感受的同时，训练孩子正确看待轻微的难过情绪。向孩子解释，每个人都会与朋友发生冲突——这是人与人之间关系起起落落的组成部分。

④

不要否认孩子的情绪。用男性榜样证明，即使男孩子哭也没事，可以和孩子谈论，在亲近的家人和朋友面前掉眼泪，是否要比在还不懂事的小孩子前面哭，更能安抚自己和缓解压力。

长期而言……

教会孩子其他应对策略。向孩子显示如何预测可能会让他哭的情境，如比赛输掉，未被允许加入游戏或被捉弄了。建议孩子回想有趣的记忆，让孩子数到十，想象自己被魔法保护力量所包围，将注意力从强烈的情感转移到别处。

相关话题

“我怕黑。”：第118～119页
“我要告状。”：第120～121页

“我做了一个不好的梦。”

虽然父母希望自己的孩子能天天做美梦，大部分孩子还是会偶尔做噩梦。四五岁时，约有3/4的孩子会不时地做吓人的梦，有些孩子可能每周都会做一两次不好的梦。

场景 | 孩子在夜间惊醒，非常难受，说他迷路了，正在被怪物追赶。

他说：

“我做了一个不好的梦。”

孩子的快速眼动睡眠——指出现做梦行为的一种深度睡眠——要比成人多。梦标志着孩子的大脑已愈加复杂，正在建立更大的记忆库，且随着他们更多地了解世界而开始处理更多的恐惧。

你可能会想：

“他为什么会被这些噩梦惊醒？是不是有什么事情困扰着他？”

看到孩子难受，你也会很难过，如果因为在半夜三更被孩子惊醒，这种感受就更强烈了。做噩梦可能是因为孩子看了可怕的东西，或是因为在担心什么麻烦，这在生活发生较大变动的时候更为常见，如开始在新学校上学或家庭不和。

相关话题

“我怕黑。”：第118～119页

“我尿床了。”：第158～159页

告诉孩子可以改变噩梦里的故事，换上一个好的结局。

他的想法：

“我梦里的事情真的发生了吗？”

由于孩子区分真实和想象的能力还在发展之中，所以对他来说，噩梦感觉就像真的发生了一样。孩子并不知道这些不好的梦是在他的大脑加工处理白天的经历时由他想象创造出来的。

如何应对

眼下……

①

保持镇定、安抚孩子。孩子会觉得很难在噩梦之后镇定下来。你可以抱抱孩子，安慰他说：“那感觉肯定很吓人。但现在一切都结束了，它并不是真的。”不过，和孩子的这种互动应尽量短暂，以便孩子快速重新入睡。

②

鼓励孩子继续睡在原来的床上。不要让孩子到你的床上和你一起睡，努力使孩子镇定下来，让他在自己的房间里重新入睡，学着在自己的地盘安抚自己。

长期而言……

在白天谈论孩子的感受。如果孩子会在和你在一起时更多地谈论自己的情绪，你可以在白天不那么令人不安的时间，让孩子加工、分析自己的体验，噩梦的原因可能会因此浮现出来。他可能还喜欢把它画出来。

帮助孩子获得足够的睡眠。保持一致的上床睡觉习惯，抱抱孩子，或在睡前读一本他最喜爱的书，都可帮助他更有安全感、更放松，能在晚上睡个好觉。

检查孩子在看的东西。孩子的噩梦可能是因为看了不适合他年龄的电影、电子游戏或新物品。仔细筛选，排除孩子并未做好准备可以看的任何画面。

“我没做过。”

几乎所有孩子都会偶尔撒谎，会在陈述事情时略掉细节或夸张陈述。通过理解孩子撒谎背后的原因，并以最恰当的方式做出应对，可以防止这一必然会发生的现象变成孩子的习惯。

场景 | 你看见孩子把他的朋友推倒了，但他否认了这件事。

大人非常重视诚实这一品质。虽然你可能认为撒谎肯定是不好的，但如果把这看作孩子思维技能发展的里程碑，于事情本身来讲会更有帮助。为区分什么是真的、什么是假的，孩子必须形成“心智理论”，或者具备将自己代入他人视角的能力。

谎言主要有两种：

◉ **反社会谎言**。这类谎话一般发生在孩子做错事情后——孩子想让自己摆脱麻烦，避免因违反规则而被惩罚或要嫁祸于别人。

◉ **亲社会谎言**。这类谎话之所以为谎话，不是因为孩子蓄意编造了内容，而是因为他省略了部分信息，未给出全部事实。撒这些谎的目的可能是为了不伤害别人的感情。

了解这些区别将很有帮助，因为面对不同的撒谎行为，父母需要做出不同的应对。可以参见对立观点，了解它们的区别。

如果遇到孩子撒谎，应向孩子强调，这个问题有更好的解决方法。

相关话题

“但我没有听见啊。”：第112～113页
“她太讨厌了。”：第146～147页

可遵循的做法

评估谎言

反社会谎言

信号

孩子的叙述不合逻辑、不合理且不连贯。
孩子说了不必要的话来让你相信。
由于编造谎言的生理和心理压力，孩子的声调会更高。

触发因素

害怕陷入麻烦之中。
违反规则。
想让别人陷入麻烦之中。
想避免因做错事而需要承担的责罚。

应对

1. **理解**背后的发展过程。3岁或4岁以前，孩子可能并不理解幻想与真实的区别，或者他们可能会沉溺于“许愿思维”。
2. 在孩子讲真话时**指出来**，这样你就有更大的概率帮助孩子解决问题。
3. 向孩子**明确一点**，如果孩子诚实，你会更认可，而且这是弥补过错的最佳办法。
4. **将说真话列为家庭的价值观之一**，向孩子解释撒谎会导致别人不再相信他，即使是他在说真话时。
5. **管教不要太过严厉**。如果已经做了自己知道不该做的事情，孩子会容易因恐惧后果而撒谎。

亲社会谎言

信号

别的家长询问关于你孩子吹嘘的事情。
孩子对问题的回答很简要或不完整。
孩子视问题而给出前后不一的回答，因为他想让你高兴。

触发因素

想避开大人的规则所造成的不便，比如，撒谎说已完成家庭作业，以便能出去玩。

想让小朋友和父母印象深刻。

想避免伤害别人的感情，这样的“善意谎言”很可能标志着孩子已经具有社会意识。

应对

1. **解释后果**。如果你的孩子说他得到了一只小狗而实际上并没有，你可以说你知道他想要一只小狗，但如果他继续撒谎，别人就会不相信他。
2. **树立诚实的榜样**。如果孩子听到你在说“善意的谎言”，他学到的就是，这是一种被社会接纳的行为。
3. **帮助孩子建立自我价值感**。有些孩子因为觉得自己不够好而对自己做的事情撒谎或进行夸大。
4. **检查你的期望是否过高**。如果孩子故意把考试分数藏起来不让你看到，你可以说：“看起来，考个好分数对你来说很重要。你是不是担心让我们失望？”
5. **告诉孩子你信任他**。如果自己有一个好的名声需要维护，为了不辜负它，孩子更可能做到诚实。

“我尿裤子了。”

即使孩子在白天能够基本上保持不尿裤子，有时候还是会发生点事故。在4岁时，7个孩子中有1个仍会有白天尿裤子的困扰，但等过了5岁，这一比例会下降到1/75。尿裤子可能仅在白天发生，也可能还伴有尿床问题。

场景 | 孩子不断在白天尿裤子。

他说：

“我尿裤子了。”

孩子一天需要排尿4～7次。如果孩子在之前一直不尿裤子，只在最近出现这种情况，他可能存在生理原因，比如，尿路感染——这会导致孩子每次的尿量变少，但尿的次数增多。

相关话题

“我没做过。”：第142～143页
“我尿床了。”：第158～159页

大部分孩子都会尿裤子。父母要给予支持，以防孩子的任何羞愧情绪削弱他们的自信心。

你可能会想：

“我以为到现在他已经没有这个问题了，其他孩子会取笑他的。”

他的想法：

“要做的事情太多了，我只是忘记去上厕所了。”

你可能会为孩子没有及时上厕所而感到恼火。可能还在想是不是应该让孩子穿拉拉裤或纸尿裤。但如果你让孩子觉得自己像小宝宝或感到羞愧，问题很可能会变得更严重。

孩子可能会害怕上厕所——有些孩子觉得厕所的味道很难闻，或担心被锁在里面，还有一些孩子会因为在别人面前上厕所而感到难为情。但孩子也可能只是忙着做别的事情，等他去上厕所的时候已经太晚了。

如何应对

眼下……

①

弄清楚问题在哪里。搞清楚孩子今天又尿裤子的原因。可以玩角色扮演游戏，把孩子的一天表演出来，找出孩子没能及时上厕所的原因。如果有什么事情导致孩子感到压力，他也会更难管理自己的身体机能。

②

不要说尿裤子。可以用“裤子湿了”替代“尿裤子”，因为后者可能会触发羞愧情绪。

长期而言……

奖励不尿裤子的日子。可以做一张星星表，在孩子每次及时上厕所，以及一天下来没尿裤子时给予小小的奖励。

帮助孩子慢慢来。让孩子尿尿的时候不要着急。这有助于位于膀胱底部的水龙头样肌肉——“括约肌”能够完全张开，彻底排空尿液。

让孩子多喝水。不要让孩子少喝水，相反，应鼓励孩子每天喝6～8杯水，这样他的膀胱就能恰当地得到充盈，发出更强烈的排尿信号。

“她太讨厌了。”

在这个年龄段，孩子渐渐地从玩平行游戏——也就是各玩各的，变为与玩伴进行更直接的互动。在孩子继续学习规则的同时，让他做好准备以应对与小朋友间更频繁出现的矛盾。

场景 | 孩子们在沙坑里玩，在争吵该怎么玩时，你的孩子推了一下他的朋友。

他说：

“他太讨厌了。”

父母希望自己的孩子能好好玩。这个年龄段的孩子虽然正在学着用语言表达他们想要的东西，但大部分孩子有时会用某种暴力来获取自己想要得到的东西。研究显示，男孩和女孩都会使用各种暴力策略来确定主导地位，想让游戏按照自己的方式进行。

你可能会想：

“这真令人尴尬！我可不想他被贴上‘捣蛋鬼’的标签。”

如果还有别的大人在场，你可能会觉得尴尬。虽然你可能会觉得自己应该介入，但如果让孩子自行处理这个问题，他会学到更多。如果孩子想继续他们的游戏，小的争执通常很快就会被忘掉。

孩子自身是教会彼此如何好好相处的最佳人选。通过大量的玩乐时间，他们大部分都能学会如何解决问题。

他的想法：

"在我的朋友说他不会按照我的方式玩时，我不知道还能做什么。"

你的孩子仍在学着弄明白社交性互动的你来我往，以及分享、轮流和妥协的规则。他刚刚开始理解别人也有情感，以及如果他不分享或想一直控制别人，他的朋友就不会再想和他玩了。

如何应对

眼下……

①

退后一步进行观察。你会发现，如果孩子们玩得开心，他们通常会积极地自己想出解决方案。即使他们没有想出来，也要表扬他们能够倾听对方的意见以及采取了正确的行动。

②

不要充当裁判。如果孩子要求你进行仲裁，要接受你不可能获知"刚才到底发生了什么"这一事实。相反，你可以建议两个孩子各自解释为什么自己不高兴，让两个人都感到自己的意见得到了倾听。

③

提醒孩子理解别人的感受。不要因为孩子玩得不好而训斥他，相反，应该帮助他理解朋友的想法。例如，告诉孩子："在我看来，你抢了她的铲子后，她很不高兴。"

长期而言……

进行评估。矛盾是这个年龄段的孩子学习社交互动过程中很正常的一部分，但如果你的孩子在克制按自己意愿行事的冲动方面有较大困难，他可能需要他人的帮助来调节自己的情绪，或了解社交情景中恰当的反应方式。

带孩子到外面去。孩子和朋友一起玩时，如果大部分游戏在户外进行，他们会玩得更开心、更少吵架。这是因为当他们一起发现和探索新事物时，要争吵的地方更少，而彼此的联结会更紧密。

相关话题

"我要告状。"：第120～121页
"你不能来我的派对。"：第152～153页

“我不想收拾。”

玩对孩子的情绪和智力发展非常关键。这个年龄段的孩子在玩后会留下一堆拼图、乐高积木、玩偶和蜡笔。你的孩子可能需要他人的帮助才能学会如何帮忙整理。

场景 | 客厅的地板上散落着各种玩具，但在你要求孩子帮忙整理玩具时，他什么也没做。

他说：

“我不想收拾。”

孩子完全沉浸在游戏中时，他把所有的玩具都摊到地上，让每件玩具都触手可及，这是可以理解的。这样，他就可以把所有玩具搭配起来，拓展自己的想象力并创造新的游戏——比如，给他的玩偶和玩具动物造一个积木房子。

你可能会想：

“他总是弄得一团糟，让我来收拾，真是让人疲惫不堪。他到底在不在乎自己的东西？”

你可能希望更有序一点，不那么乱糟糟，但你的孩子和你并不一样，他并不觉得“一团糟”有什么好恼火的。很多大人喜欢将家里收拾得井井有条，而孩子需要时间才能学会这一点。

相关话题

“看看我做了什么！”：第92～93页
“我不要！”：第156～157页

他的想法：

“我不想我的玩具消失在我的视线范围内。而且地板上的玩具太多了，我不知道从哪里着手。”

在孩子看来，你叫他收拾意味着让他破坏自己刚刚创造的世界。被大人叫着收拾所有这些玩具，对他来说有点难以接受。他需要收到大量提示来告诉他是时候收拾玩具了，这样他才能更顺利地从一项活动转变到另一项活动。

如何应对

眼下……

①

一起收拾。对于这个年龄段的孩子来说，独自一人收拾自己的所有玩具可能会让他有些不堪重负。所以，要向孩子明确你们将一起完成这项任务。

②

提供指引。不要只说“收拾”，应该具体说明你想让他怎样帮忙，“请把所有的恐龙放到盒子里”，或者在你捡红色的蜡笔时，叫孩子把所有蓝色的蜡笔捡起来。

③

让收拾整理成为乐趣之一。可以编一首特别的整理歌，或选择快节奏的播放列表中的歌作为高能背景音乐。你也可以使用厨房的定时器来挑战孩子，比赛谁能把更多的乐高积木放回箱子里，成为今天的整理冠军。

长期而言……

展示好处。这个年龄段的孩子正处于既想按自己的欲望行事，又想帮助大人的阶段。帮助孩子了解，通过整理，他会有更多空间跑来跑去，能够更好地保管玩具，还能够知道明天到哪里找它们。

定期进行。将每天的整理安排在同一时间点，比如，在吃中午饭前，这样可以让孩子养成习惯。

家里可不是展览室。如果孩子现在会帮忙，让家里不那么凌乱，说明你的教育方法很好。

“你必须得这样。”

所有父母都希望自己的孩子有一群好朋友。所以，在听到孩子行为专横、赶走别的孩子时，父母很可能会感到担心。孩子可能需要你的帮助才能学会考虑到别人的感受。

场景 | 在约定一起玩的日子，你无意中听到孩子告诉他的朋友必须按他的规则玩游戏。

他说：

“你必须得这样。”

孩子已经感到自己总是被大人叫着做事情。所以，当有个小伙伴试图控制大伙儿时，他们觉得非常恼火，不想再跟他一起玩。研究发现，能够以合作的方式玩，并和别人轮流玩，是交朋友、维持友谊的关键技能。

相关话题
“我要告状。”：第120～121页
“她太讨厌了。”：第146～147页

你可能会想：

"我希望他能捍卫自己的权利，但如果他继续这样颐指气使，他会没有朋友的。"

他的想法：

"为什么他就不能按照我的方式做呢？"

你可能会担心孩子目前缺少玩耍所需的社交技能。虽然有些父母会将孩子在伙伴中有主导地位看作他将来有强烈自信心的标志，但领导力（让别人想跟随他）和颐指气使（叫别人做什么）是有区别的。

你的孩子可能还在继续获知"别人有不同的观点"这一事实，正学着如何识别恼怒的信号。他现在也还在努力弄明白自己在社会阶层中的位置，所以他可能会检验一下别的孩子有多听他的话。

如何应对

眼下……

①

有把握时再介入。这一对话可能只是游戏中两个小朋友相互"角力"的一部分，所以，除非你的孩子一直在告诉另一个孩子该做什么，或是另一个孩子正变得沮丧或难过，否则不要介入其中。

②

私下谈谈。如果孩子的行为可能会破坏大家约好一起玩的日子，把孩子带到一边，向他指出另一个孩子会怎么想。建议孩子问问他的玩伴在想什么，这样他就能考虑一下别人的想法。

长期而言……

让孩子练习。好的游戏都需要一定程度的互相迁就。可以使用玩具进行场景的角色扮演，让孩子想想不同角色的感受。

帮助孩子发现线索。让孩子留神自己有没有说"你必须"或"你不应该"之类的话。想出一个秘密信号，如清喉咙的"呃哼"声，你可以在发现孩子又变成老样子的时候发出这个信号，让他变得更警觉一点。

示范温柔行为。如果孩子的问题并不在于不懂变通，或未能理解游戏需要相互迁就，那他是不是在模仿大人的行为，或者是不是他经常被哥哥或姐姐指使得团团转？

“你不能来我的派对。”

孩子现在开始获得更牢固的友谊，开始加入社会团体，但他也开始面对冲突。生日派对会成为孩子掌握和行使社会权力的机会——他可以选择接纳或是排斥别人。

场景 | 你无意间听到孩子对他的一个同学说不邀请那个同学参加自己的生日派对。

他说：

“你不能来我的派对。”

你可能会想：

“他为什么这么刻薄？我不希望他被人看作一个欺凌者。”

孩子间的友谊变得很快，是否喜爱自己的同学取决于两个人当天玩得开不开心。孩子可能会感到生日派对让自己拥有更大的社会权利，他使用这一权利让别人按他的规则玩游戏。

这个年龄段的孩子还处于学习同理心的过程中。除非你指出来，否则他不会意识到自己的话可能和打人一样，会令人疼痛。孩子正在秀自己的“社交肌肉“，你可能会为此感到震惊，但一次刻薄的言论并不能代表欺凌。

向孩子示范如何友善地对待他人，向他解释残忍的话语会和打人行为一样伤人。

他的想法：

"这是我的派对，一切得听我的。应该由我来决定谁参加派对。"

孩子仍在尝试弄清楚自己在班级中的等级位置。他知道其他孩子想参加派对，而且作为派对主角，他对客人名单有一定的话语权。除非他知道自己的行为不友善，否则他会利用这一事实来增强自己的社会权利。

如何应对

眼下……

①

询问理由。 在其他孩子听不到的地方，弄清楚孩子为什么不邀请某位同学。认真倾听，并看看孩子是否存在维持长久友谊的困难，以及这些问题是否需要处理。

②

指出对方会受伤。 让孩子想象一下，如果有人在众人面前告诉他，他未被邀请参加派对，他会是什么感受？他是否会感到伤心、受伤？你应该帮助孩子理解，从这个立场看，他的行动和话语是不友善的。

长期而言……

正确看待。 如果你花了数周的时间准备派对，孩子可能会夸大它的重要性。这个年龄段的孩子可能会难以调节自己的兴奋之情，忍不住想利用客人名单来让别人按他的想法行事。

尽可能延后客人名单的最终确定。 随着孩子的成长和发育，他们的友谊也会发生变化。两个月前经常一起玩的伙伴，可能在派对前数周已经不一起玩了。

不要认可。 有些父母可能会觉得这种社会自信心是孩子受欢迎的标志。但如果你没有告诉孩子这样对待他人的错误原因，他就会认为持续排斥别人是可以接受的。

相关话题

"我没做过。"：第142～143页
"她太讨厌了。"：第146～147页

生日派对

虽然过生日曾经是一件很简单的事情，但现在围绕“谁最后一个坐下来”的游戏，安排派对、切生日蛋糕、提供果冻和冰激凌已成为愈加复杂、昂贵的活动。在最近20年，派对的开支也在飞速增长。

孩子的生日是日历上的重要日子，也是需要开派对庆祝的日子。随着生日的接近，和孩子谈谈生日的真实含义，会有所帮助。

由于年幼的孩子以非常简单的方式看待因果关系，研究发现，在6岁以前，几乎有一半孩子认为是生日派对本身让他们长大了一岁，他们并不知道生日标志着已过去一整年。所以，你应该向他们解释，并不是派对让他们长大了一岁，他们长大是因为已经过去的日子和他们已经学会的东西。

纪念这一天的方式，可以是一起看看孩子在过去一年中所画的画和与家人的合影，向他展示他在过去12个月进步了多少。

就派对的持续时间而言，根据孩子的年龄，定在1～2小时会比较合适。

如果能恰当安排派对，使之符合年幼孩子的发育水平，小家伙们会玩得更高兴。

1

在派对前和孩子谈一谈

从4岁左右起，孩子可能会希望有一个以自己最喜欢的电视节目、书或电影为主题的派对。但由于孩子的兴趣经常会变，不要太早选定主题。

4

选择恰当的时间段，选择孩子最机敏、性情最平和的时间窗口。对于更小一些的孩子，最好绕开午睡时间。

7

按孩子的想法进行

生日派对的意义就在于让过生日的孩子感到自己是特殊的。因此，最好的方法就是组织一场完全为你的孩子举办的派对，你应该围绕他的愿望和兴趣进行规划，而非别人的。

最佳做法：

十项关键原则

2

考虑来宾名单

对孩子来说，派对应该有趣、快乐。为此，在决定应该邀请多少客人时，可遵循“年龄加一”的原则。虽然在孩子开始上学后，这一原则可能需要做出一定的调整。

3

更大的孩子应该学会更敏感一些

如果孩子并不想邀请班里的每个同学，让孩子敏感一点，不要在没被邀请的孩子面前谈论他的派对。

5

为崩溃做好准备

孩子在户外玩时，和小朋友的冲突往往会更少。可以邀请小朋友（和他们的家人）到公园野餐。如果在室内，人太多对年幼的孩子来说会有点难以应对。

6

请父母帮忙

孩子们并不一定已经准备好独立参加社交活动，与自己的父母分离。所以，在邀请卡上也邀请小客人的父母留在派对上，这样让每个人都知道接下去会发生什么。

8

把礼物留到派对之后打开

3岁之前，有些孩子可能还不了解他们必须把自己带来的礼物留下来而不能把它们带回家。在客人到时收好礼物，这样你的孩子就能充分享受乐趣，不会为此分心。

9

帮助孩子做一个好主人

在派对之前，和孩子讨论如何保持友善，如何欢迎每一位客人，而不是仅关注自己最亲密的朋友。

10

脚踏实地

如果你回想自己童年时期的派对，你记得的应该是和朋友玩得开心的美好时刻，而不是派对的场地或花了多少钱。

各年龄段的

针对性建议

2～3岁

错开拆礼物。 在派对后，让孩子打开少数礼物，但留着其他礼物，在接下去一年的其他时间再还给孩子。

简单原则。 对于2岁的孩子而言，一个主题即可以满足他们自顾自平行玩耍的需求，水、沙子或橡皮泥等主题都可以。但到3岁时，孩子们就可以玩大家一起围成圆圈做游戏的活动了。

4～5岁

班级困境。 要么邀请少于班级一半的少数人，要么邀请整个班级。准备大量团体游戏。

气球大战。 这个年龄段的孩子很喜欢气球，因为气球会飘起来、缓慢移动，孩子们可以更好地操纵它们。

6～7岁

仅VIP。 由于小朋友的小团体已经变得更重要，你的孩子会希望在主题和客人名单的确定上有更多话语权。

选择孩子最喜爱的。 孩子现在喜欢以他们最擅长、能够向朋友炫耀的技能为主题的派对，最受欢迎的主题包括足球、游泳、跳舞或美术。

“我不要！”

这个阶段，孩子身体控制力的发育进展很可能快于学习各种词汇表达自己情感的进度，所以，孩子可能会在生气或受挫时做出攻击性行为。这可能会让父母非常难过，但请你控制好自己的情绪。

场景 | 在你告诉孩子是时候关掉电视上楼洗澡时，他踢了你。

他说：

“我不要！”

你可能会想：

“天哪，他怎么能这样伤害我？”

踢人、打人和咬人都是孩子发育过程中会出现的正常行为。孩子希望通过主张自己的意愿来做到独立，但当无法实现自己的意愿时，他的情绪脑区就会被启动。随着他的身体越来越强壮，他也会试着使用暴力发泄情绪。

在高度紧张的情况下，你的“战斗还是逃跑”机制很可能会被触发。你也可能会因为自己想打回去吓唬孩子，以让他服从而感到吃惊。虽然看起来孩子是有意在攻击你，但实际上他是想告诉你一些事情。

在孩子出现攻击行为时，要保持镇定，做出坚定的回应，这有助于训练孩子调节自己的情绪。

他的想法：

“我爱妈妈。因为我踢了她，她现在很伤心。”

孩子现在正学着了解他的行动会有什么影响，如踢你是错误的，以及你也有感情这些事实。所以当他镇定下来，逻辑脑区重获控制后，他感到很懊悔。他可能会因为你难过而感到震惊，因为这个年龄段的孩子认为自己的爸爸妈妈是不会受到伤害的。

相关话题
“这不公平！”：第180～181页
“但我不累。”：第216～217页

如何应对

眼下……

①

不要以暴制暴。慢慢、轻柔地跟孩子说话，让孩子缓慢深呼吸，并冷静下来，这样有助于他重新获得对自己情感的控制。不要说“不”，这会更加激怒孩子，不要带着怒气应对。可以提出替代方案，如“让我们看看爸爸在做什么”，让孩子的大脑重新开始清醒地思考。

②

进行讨论。在孩子冷静下来能够再次使用自己的理性思维后，告诉他你理解他对你感到失望，但踢人肯定是表达生气情绪的错误方法。向他重申根本原则：“在我们家，不准踢人。”

③

尽快修复你们的纽带。在孩子冷静时，拥抱一下他，向他解释他的行为让你有什么感受，这样他就能够学着知道别人也有情感。向他解释，生气没事，但不能伤害别人。

长期而言……

告诉孩子使用语言。在孩子镇定下来时，帮助孩子指出或画出自己在身体哪个部位感受到了怒气。帮助孩子学会用语言来表达这种愤怒，这样他就能在感到自己想攻击时让你知道。他可能希望有人来帮助自己描述这一情绪，如沸腾的“平底锅”或正在喷发的“火山”。

形成惯例。在累了、生气、吃太多糖、因使用电子设备时间太长，或过于兴奋而被过度刺激时，孩子更容易做出暴力反应。制订睡觉、游戏和吃饭的时间表，使这些活动可预测，这样孩子就知道接下来要做什么事，而更少大吵大闹。

“我尿床了。”

保持整夜不尿床，是如厕训练的最后一个阶段。这是各种能力发育到一定水平的结果，所以不同孩子达到这一里程碑的年龄并不相同。4岁的孩子中有4/10仍会尿床，到5岁时这一比例就变为了1/4。

场景 | 你的孩子又尿床了，这已经是本周第三次了。

他说：

“我尿床了。”

你可能会想：

“在半夜三更换被褥真是让人心力交瘁。他什么时候才能不再尿床呢？”

孩子尿床的原因有很多。有可能他的神经系统还未发育好，所以膀胱还无法顺利向大脑发出唤醒信号，又或者是因为他的膀胱还比较小。如果你或你的伴侣在童年时期尿床，那孩子就有高于25%的概率出现这一现象。

信任孩子能够做到。在孩子学着在晚上不尿床的过程中，保护好孩子的自信心。

这虽然很让人沮丧，但请你试着去理解孩子。在你半夜被吵醒又多出很多东西要清洗时，虽然知道大部分孩子最后能够做到不尿床，但也几乎没什么安慰作用。但尿床并不在孩子的控制范围内，请予以支持。

相关话题

“我做了一个不好的梦。”：第140～141页
“我尿裤子了。”：第144～145页

他的想法：

"我觉得很丢脸。我不想任何其他人知道这件事情。"

尿床很可能会削弱孩子的自我价值认同——他可能会觉得这太像小宝宝了，他会为引发的脏乱状况感到羞愧——所以他需要很多的安慰和一对一的相处时间，还需要大人向他保证长得更大些时，就不会再尿裤子了。焦虑也会引发孩子尿床。

如何应对

眼下……

①

保持乐观。在孩子不尿床的晚上表扬他，对孩子尿床则保持实事求是的态度。你需要说的全部内容就是："我们得起来一下，把床单换掉。"

②

培养孩子的积极心态。在整理床铺时，和孩子讨论床铺"干"和"不干"，而不是说尿床，后者会触发孩子的羞愧情绪。如果你或你的伴侣在小时候尿过床，可以给孩子讲这段经历，这样他就知道你们都已经摆脱这个问题了。

长期而言……

解决实际问题。保持规律的上床睡觉习惯。不要让孩子在上床前一小时内喝太多水，在他要入睡时带他去厕所。可以保持孩子房间的房门打开，以及让厕所灯一直亮着，让孩子能够方便地上厕所。

和孩子谈谈。试图发现导致孩子尿床的任何情绪因素，孩子是否因为担心什么事情而引发了尿床？

寻求专业意见。大部分孩子在6～7岁时才会不再尿床，但如果六七岁时还是频繁发生尿床，请记录尿床的日子，并去看医生，以排除任何生理因素。

“坏人会伤害我们吗？”

随着孩子逐渐长大，他们会接触更多有关这个世界及其存在危险的信息。孩子可能会在无意间听到更大的孩子或大人讨论恐怖袭击事件，并因此产生焦虑，担心“坏人”也会伤害他以及他爱的人。

场景 | 在了解一次恐怖袭击后，孩子担心这类事件会发生在他或他知道的任何人身上。

他说：

“坏人会伤害我们吗？”

孩子以非黑即白的方式看待这个世界——你的孩子会“一厢情愿”地认为坏事情只发生在坏人身上。所以，当发现这些事情也会发生在普通人身上时，他感到非常震惊。孩子会注意别人忧心的面孔，认为这意味着需要担心。

你可能会想：

“我不知道该说什么来让他感到安心，停止焦虑。”

听说有无辜的人在恐怖袭击中丧生，孩子天生的公正意识会受到困扰。虽然你可能会觉得现在还不是处理如此大的主题的时候，但是你需要正确看待这件偶发的事情，让孩子知道他会没事的，他认识的人也是如此。

相关话题
“我怕黑。”：第118～119页
“你也会死吗？”：第166～167页

孩子会从你身上获取线索。合理处理你自身的恐惧，这样才可以让孩子安心。

他的想法：

“我怎么知道这不会发生在我爱的人身上？”

在这个年龄段，孩子的世界完全分为“好人”和“坏人”。所以，如果发现有更多的好人在努力保护他的安全，他会感到安心。事实上，“立即”让自己获得安全感、并重新平衡有关这个世界是否安全的信念，才是孩子心中的当务之急。

如何应对

眼下……

①

倾听孩子。问孩子他知道什么，有什么感受。弄清孩子听到的内容，并让孩子说明白自己在害怕什么，这有助于你针对孩子特定的担忧做出简单的回答。

②

置于背景之中。告诉孩子，这样的袭击是很少见的，它们之所以获得如此多的关注，就是因为它们并非常有的事。在这一威胁在孩子心中平息之前，他会不断地问你同一个问题，对此你应有所准备。你需要每次给出相同的答案，并和之前一样保持镇定。

③

多抱抱孩子。现在就拥抱孩子，比平时更多地抱抱他。将重点放在谈论生活中的积极方面，这可以让他更安心，让他觉得这个世界是一个安全的地方。

④

帮助孩子明白自己可以保护自己。孩子感到他的安全并不在自己的控制之中。所以，谈谈他如何在各种小的方面保护自己的安全——比如，在车上使用安全带，骑自行车时戴头盔。

长期而言……

限制孩子使用电子设备接触新闻。孩子还未意识到，重复的新闻视频并不表示又发生了一起事件。最好不要让孩子接触，因为他现在还不能理解它的意义。

“这感觉很好。”

孩子都是好奇的，他们最先想了解的东西之一，就是自己的身体。找到自己的生殖器后，他们会发现，触摸这些部位要比触摸其他身体部位更令人愉悦，所以有些孩子可能会反复触摸它们。

场景 | 在一起看电影的时候，你注意到孩子的一只手伸进自己的裤子里。

他说：

“这感觉很好。”

就像婴儿会在出生后的第一年内探索自己的手指、脚趾和肚脐一样，这个年龄段的孩子也会发现自己的生殖器。随着手的协调能力的提高，他可能会养成习惯，将体验这些令人愉悦的感受作为自己的一种娱乐方式。

你可能会想：

“我感到不太舒服。如果他在别人面前做这些动作会怎么样？他不应该在这个年龄做出与性相关的行为。”

虽然孩子的这种行为看上去可能令人不适，但事实上孩子还不知道什么是性，所以孩子的自我抚摸并非一种性行为，而是他抚慰自己的一种方式。请安心，这种行为是正常的，它会随着时间的推移而消退。

你对孩子自我抚摸的反应，很可能会决定孩子长大后看待自己身体的态度——他可能会感到自豪，也可能会感到羞耻。

相关话题

“我想要抱抱。”：第90～91页
“我怕黑。”：第118～119页

他的想法：

"我不明白抚摸这个部位怎么就不对了。我在摸其他地方时，也没人有什么不好的反应。"

自我抚摸是一种安抚活动，与吸吮拇指很相似，这与性欲无关。你的孩子可能会在厌烦、想睡觉或紧张时做出更多的抚摸动作。他觉得这能够分散注意力，愉悦和安慰自己。对于孩子来说，这还未与私密的性欲念头和感受联系起来。

如何应对

眼下……

①

帮助孩子找到抚慰自己的其他方法。问问孩子可以让自己感觉良好的其他方法，向他解释自我抚摸是一种很私密的行为。随着孩子长大并能更好地理解当众与私密之间的界线，他会找到更能得到社会认可的其他自我安抚方式。

②

保持中立。忍住不要说"停下来"或"这很不好"，这会让孩子感到羞愧。如果你大惊小怪，孩子可能会更频繁地做出这一行为来获取你的关注。

③

尝试分散孩子的注意力。在公众场合，如果孩子的手伸向他的生殖器，你可以在手边准备一个玩具或一本书，以便在这个时候递给他。或者给他一件安抚物品安慰他，如毯子或毛绒玩具。

长期而言……

简单地解释科学。跟孩子谈论身体的变化。如果你的儿子问你，他的"小鸡鸡"为什么有的时候会变得更硬，你可以跟他谈谈身体的其他反应。例如，向他展示他的瞳孔会在灯光昏暗时变大。跟他解释这些都是条件反射。

重塑你的想法。"手淫"一词对很多成人来说有很强的性暗示，这就意味着你很可能会给孩子打上终生烙印："这是可耻的。"相反，你应该将之想成"自我愉悦"或"自我探索"。

“刚才做得还好吗？”

孩子非常渴望获得父母的认可，这是正常现象。但随着时间的推移，他们也需要形成内在的成功动力，因此他们希望为了自己去达成某事，而非仅为讨好你。

场景 | 在一场网球比赛中，孩子连续两次将球打回去。

随着时间的推移，如果孩子学会为自己的成就感到自豪，他们的表现会更好。

他说：

“刚才做得还好吗？”

甚至在孩子会说话之前他就知道，在他做了你想让他做的事情，或他很好地完成某些事情后，你更可能会微笑，并做出热情的回应。这一反应也令他感到更高兴，这样他就知道自己想进一步地讨你的欢心。孩子还有想要获得你认可的原始需求，因为你的爱是这个世界上对他来说最重要的事情。

相关话题

“我要自己做！”：第38～39页
“看看我做了什么！”：第92～93页

你可能会想：

“如果我在他每次做得好时表扬他，他会更努力，变得更出色。”

他的想法：

“在我做得好的时候，爸爸妈妈看起来更高兴，那他们是不是也多爱我一点了？”

你可能会觉得表扬孩子是在给予他支持，而如果每次都表扬，孩子就会保持努力的状态。孩子的确需要表扬来知道自己什么时候做得好，但如果你表扬得太多，他可能就会对你的认可形成依赖。

如果你只在孩子做得好的时候慷慨地给予爱和表扬，孩子可能会认为你的爱以他的成功为条件。但很重要的一点是，孩子得形成自己的成功动机。

如何应对

眼下……

①

关注过程。表扬孩子一路以来的努力和坚持，而不是仅表扬他获胜或得分等最终结果。

②

问问孩子他的感受。虽然孩子知道你为他感到骄傲是件好事，但他为自己感到骄傲也同样重要。可以提示孩子，问他是否对自己感到满意。例如，可以说：“这让你感觉怎么样？”

③

不要限制对孩子的认可。虽然的确不应该过分地表扬孩子，但也不要走极端，完全不再表扬孩子。

长期而言……

具体而言。不要顺口就说“做得好”，要具体说明孩子哪些地方做得好，这样他才会知道你真正留意了他做的事情。

不要鼓励竞争行为。告诉孩子最好的竞争对手就是自己。这样，孩子就总能获胜，因为通过练习，他总能在自己所尝试的事情上做得更好。

“你也会死吗？”

当有人去世时，年幼的孩子通常还未理解死亡是最终结局——他们认为这是暂时性的，或者认为自己所爱的人是睡着了。所以，知道如何向孩子解释这一敏感情况，并传达“死亡是最终结局”这一事实，对你来说会很有帮助。

场景 | 你告诉孩子，他的爷爷去世了。

他说：

“你也会死吗？”

你可能会想：

“在这个年龄段，他还不需要了解死亡。”

家中有人去世会触发很多问题。孩子可能会想：“爷爷是在睡梦中去世的。这是不是就意味着每个人都可能会在睡觉时死去？如果爸爸妈妈也发生这样的事情，该怎么办？到时候谁来照顾我？”明确、开放、诚实的信息，可以让孩子的心神安定下来。

孩子能够应对“知道死亡”这一挑战。但是，由于孩子常常按照字面意思进行理解，很重要的一点是，你要用恰当的词汇传达“死亡是最终结局”这一信息。请避免使用“睡着了”或“我们失去他了”之类的措辞。请牢记一点，不要让孩子感到困惑，否则他会忧虑本不必忧虑的事情。

虽然你的直觉是保护孩子，为他遮挡一切，但坦诚要比将死亡当作禁忌更好。

他的想法：

“爷爷现在去哪儿了？他能不能不要死，这样我就又能和他一起玩了。”

由于孩子现在可能还在为“明天”或“永远”等抽象的时间概念纠结，他很难理解死亡是永久性的、不可逆的。而在他能理解之前，他会认为爷爷正在回来的路上。这一有限的理解也反映在他对悲痛的体验上。孩子经历的是“悲伤孤岛”——前一分钟还在伤心，下一分钟就很高兴了。

如何应对

眼下……

①

开诚布公。向孩子解释：人们去世后，他们的身体就不会动了，他们也不会再吃东西、讲话、呼吸或感到疼痛，他们不会再醒过来。告诉孩子，每个人都会死，但按照你的预期，死亡离你还很远。

②

说明原因。简单地解释爷爷为什么去世，这样孩子就能理解爷爷的身体因为某个原因停止工作了：“爷爷已经活了很久了，他的心脏被用得太多而无法再工作了。”

③

将之与生活关联。在向孩子解释死亡时，可以将之与他知道的其他经历联系起来，如宠物或植物的死亡，这样他就能理解这是最终的结局。

④

问孩子是否想把自己的感受画出来。由于孩子往往将自己置于故事的中心，他们有时候会编造出理由，认为自己是该受到指责的那个人。在他心里，他可能想象出的情景是：“爷爷死了，是因为我没做他叫我做的事情。”问问孩子是否想谈一谈自己的感受，或将感受画出来，或通过角色扮演演出来，这样你就能更好地理解他的想法。

长期而言……

慢慢来。教给孩子清晰明确的悼念方式——看一看家庭照片，制作纪念盒，放气球（气球上写着他的名字）或是种一棵树，这些都会有所帮助。

相关话题

“我感到很伤心。”：第132～133页
“坏人会伤害我们吗？”：第160～161页

“你答应过的。”

在这个年龄段，父母就是孩子的整个宇宙——他们通过信任父母来学会相信这个世界。这就意味着，当你做出承诺后，兑现承诺非常重要，因为孩子非常信任你，相信你能够说到做到。

场景 | 你之前说要带孩子去公园，但因为工作上有急事，你们现在没法去了。

他说：

“你答应过的。”

到目前为止，你的孩子一直都在学习大人希望他遵守的规则，包括信守承诺。孩子具有公正意识，这就意味着他期望你也能做到这一点。如果你违背承诺，他可能获得的信息就是：对你来说，你的工作要比他更重要。

相关话题

“我喜欢和你在一起。”：第108～109页
“你总是那么忙。”：第128～129页

你可能会想：

"我原本想带他去的，我怎么会知道星期天会有紧急工作呢？"

如果情况发生变化，的确无法兑现某项承诺，孩子脸上的失望之情会让人难以承受。但请忍住不要安抚孩子，这可能会让你感觉好受一些，但长期而言，坏处多于好处。

他的想法：

"大人让我失望了，他们没有说到做到。"

这个年龄段的孩子往往认为，所有的决定都是由爸爸妈妈做出的，所以孩子有些难以理解有人（如你的经理）能够让你做某些事情。如果他能够明白你违背承诺有合理的理由，而且这在你的控制之外，那伤害是可以修复的。

如何应对

眼下……

①

说"对不起"。理解孩子的失望之情，无条件地对孩子道歉。告诉孩子他对你有多重要，向他解释生活并不完美。让他知道，你也感到很失望。

②

让孩子选择一项现在可以做的有趣的事情。问问孩子，在你工作时他可以做什么，比如，给图片上色，然后告诉他，你完成工作后你们两个人马上就可以按计划做一些特别的事情。

长期而言……

预留家人时间。你不能预见所有偶然事件，但请优先安排与孩子相处的时间；如果可以，把手机收起来，关掉你的电子邮箱。

不要过度承诺。对于自己特别期望的事情，孩子会选择性地记很长时间。所以你的措辞应谨慎，不要轻易使用"承诺、保证、答应"。相反，如果有任何不确定的地方，你可以说"我计划……"或"我打算……"

谈论你的失望情绪。管理失望情绪很难，但这是孩子必须学会的重要一课。谈论你自身的经历，让他知道你是如何应对这一情绪的，并告诉他这一感受最后总会过去的。

分居和离婚

很多家庭都会面临分居或离婚的挑战。不管原因是什么，这对每个人而言都是一件很不容易的事情，对孩子来说尤其如此——看到自己所依赖的两个人分道扬镳，这很可能会是一段让他们担惊受怕的经历。

父母往往会自以为是地认为孩子是有承受能力的。但离婚对孩子来说属于重大事件，特别是在之后的生活与之前的生活大不一样的情况下。

被告知父母不再相爱，要适应在两个不同的家之间往返的生活，其中一个让他有安全感和被爱感的人突然缺席，这些对你的孩子来说都是巨大的挑战。

婚姻破裂本身引起的伤害未必是最大的，父母之间的冲突和相互攻击才是。所以，请谨慎考虑和处理这件事，尽可能缓和它对孩子身心健康的影响。

1

一起告诉孩子

大部分孩子会一直记得被告知父母将分开的时刻。请在孩子面前表现出一致、乐观的一面，以减少这一记忆带来的痛苦。

4

避免因为愧疚而给孩子买特别的礼物

特别的礼物也会让你的孩子感到不安，觉得自己因为受到贿赂而需要把悲伤埋藏起来。

7

公事公办

你们必须仍以孩子的最大利益为先。你们可以将感情放到一边，协商做出更好的决定。

9

保持耐心

在父母分开之后，孩子至少需要两年的时间才能在情绪方面重新安定下来。

最佳做法：

十项关键原则

2

陈述基本情况

向孩子解释，你们在一起不快乐，已经同意分开生活，这样两人才能够保持朋友关系，不争不吵地照顾他。强调那些保持不变的事情。

3

让孩子安心

向孩子解释他的生活将发生什么变化，而不是你们的生活。回应孩子最主要的担忧，即“将由谁来照顾他”，告诉孩子你们两个都会照顾他，主要区别是你和你的伴侣将生活在不同的地方。

5

避免指责

不管你们两个人之间发生了什么，你们的前任仍是孩子唯一的爸爸或妈妈。在孩子面前保持中立，否则你们之间的敌意会让孩子感到自己被撕裂成了两半。

6

倾听孩子

孩子可能会感受到很多不同的情绪，包括愤怒。他可能还想让你们继续待在一起。让他知道，他现在感到伤心完全没有问题。允许孩子从他的视角谈论当前的情况而无须站队偏袒，不要提出你们的观点。

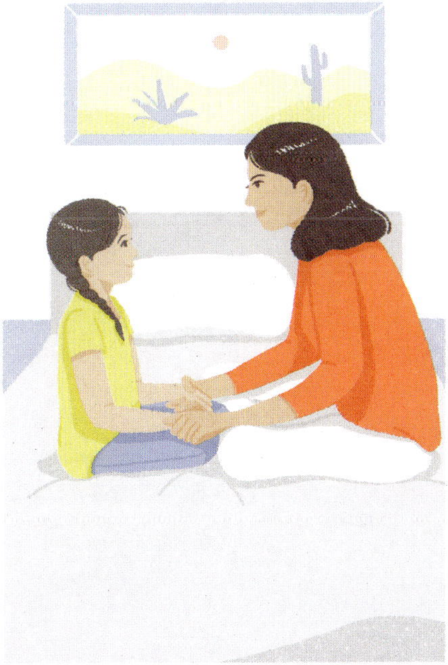

8

照顾好自己

照顾好自己，这样你才能给孩子提供支持。向家人和朋友寻求帮助，或者尝试加入互助小组。如果有问题需要和前任解决，通过中间人调解有助于避免产生敌意。

10

保持惯例

尽可能继续正常的生活，包括大家约定一起玩的日子、旅游和家庭聚会，这有助于让孩子感到这个世界仍是安全和可预测的。请对方在他们家里也遵循相同的上床时间和吃饭时间。

各年龄段的

针对性建议

2~3岁

多安慰孩子。孩子会因为很小的因素而情绪爆发，由此来释放自己对重大事件的各种感受。不要将之视为举止不当，可以抱抱孩子并让他安心。

出现倒退是正常的。孩子可能会出现倒退行为，如在上床睡觉时哭闹、尿床，出现分离焦虑。请保持耐心。

4~5岁

告知学校。让孩子的老师知道情况，这样他们就能够理解孩子行为上的任何变化。

统一战线。对前任保持礼貌友好，这样孩子就不会在你们一起参加的学校集会或音乐会等活动中感到尴尬。

6~7岁

并不是他的错。这个年龄段的孩子会因为父母分离而怪罪自己，因为如果他们不理解其中的原因，就会把原因揽在自己头上。要向孩子明确这不是他的错。

面对现实。孩子可能会幻想你们和解，但这会阻碍他恢复正常生活，导致他在你们开始新的生活时更难接受。告诉孩子，这是大人的决定，他无法影响你们。

“我希望这是完美无缺的。”

所有父母都希望孩子能够努力，不管是功课、演奏乐器、掌握一项体育运动，还是任何其他技能。但有时候孩子自己会觉得，即使自己已经做到最好了，也还不够。

场景 | 在孩子发现自己把生日贺卡上的字母“S”写反时，他把贺卡撕掉了。

在一定情况下，完美主义可以促使孩子更加努力，但有些孩子对此会过于重视，想每时每刻做好每件事情，就可能会损害他们的自信，阻碍他们尝试新事物。完美主义主要有两种表现：

◉ **取悦他人的完美主义**，是指孩子希望别人认为他从不会犯错误。在孩子的想象里，如果他失败了，就会有人嘲笑他，所以他可能会感到焦虑，觉得需要让所有事情都完美，以努力阻止别人对他做出负面评价。

◉ **取悦自己的完美主义**，是指孩子非常享受达到自身的高标准时所获得的自豪感。但孩子可能会沉迷于奖励，如考试得高分或获得老师的表扬，而导致自我负担过重，并将其他需求放在第二位。

看到事情相反的一面，可帮助你察觉不同的完美主义的信号，并理解它们的触发因素。

相关话题

“我放弃了。”：第116~117页
“我真没用。”：第210~211页

告诉孩子，每个人都会犯错误，而犯错往往是最好的学习方式。

可遵循的做法

评估完美主义

取悦他人的完美主义

信 号

对小的错误反应过度，如果觉得不够好，会撕掉作业或在上面乱涂乱画。

认为完成任务只有一种方式。

推迟做家庭作业或根本不交作业。

很担心别人的想法。

因为害怕失败，不再尝试。

触发因素

将要进行评估或比较的家庭作业或课堂作业。

小测试和考试。

公开表演，如学校的音乐会或集会。

应 对

1. 表扬孩子的努力，而不是最终结果。帮助孩子认识到，享受活动和从活动中学习要比做得完美更重要。
2. 告诉孩子，他心里所发出的说他的作业“永远不够好”的声音，就像一个束缚他想法的欺凌者，只会让他感到伤心和担忧。
3. 不要示范完美主义思想设定的标准，不要不断强调成绩的重要性。
4. 向孩子解释，假如衡量成就的标准是1～10分，人永远不可能每件事情都得到10分。对于大多数事情而言，达到中间水平就够了。
5. 培养成长型的思维模式，帮助孩子从“我不能”或“我永远不会”变为“我会试一试”。

取悦自己的完美主义

信 号

花数小时完成功课，以做到最好。

想加入各种学校社团，或者学习多种乐器，来展现自己多才多艺。

忽略自己想玩、做游戏和放松的需求。

将自己与其他人进行比较，向其他孩子夸耀自己的成就。

触发因素

没有获胜的体育比赛。

给自己设定高目标，或期望赢过其他人的测试、项目、考试和竞争。

参加必须与别人合作的项目，但别人并未设定和他一样高的标准。

应 对

1. 不要表扬孩子的作业比别人的更好，要称赞作业的独特之处。
2. 热情地认可孩子的成功，但不要过头，因为这会导致他认为自己的价值仅与他的成就相关。
3. 表扬孩子不能被衡量的品质，如善良和幽默。
4. 不要问孩子考了几分，或在体育比赛中得了几分，相反，要问他在任务或比赛中学到了多少，或是否享受到了快乐。
5. 给孩子的爱或奖励不能以孩子的成就为条件，比如，“如果你考了好分数，我会给你买个新玩具”。

“不要在墙上画画。”

在这个年龄段，即使孩子正在学习各种规则，也并不意味着他们每次都能遵循这些规则。在检验各种界线、学会控制冲动、忍住不做出现在脑海里的第一件事情的过程中，孩子仍会不时地违反规则。

场景 | 你抓到孩子一边在墙上画画，一边不断地说着自己正在违反的规则。

他说：

“不要在墙上画画。”

孩子想要尝试所有新的事情，有时候会违反规则。当他拿着蜡笔，看到像一张巨大白纸一样的墙面时，他可能会把画画看作一场“事故”。你已经提醒他这是不对的，他知道自己会陷入麻烦，但还想告诉你他完全明白规则是什么。

你可能会想：

“他太淘气了，他知道不应该在墙上画画的。”

在你抓到孩子时，他告诉你他知道他不应该这么做，这可能会让你感到困惑。这样违反规则并非在故意挑衅你。你需要理解，孩子正感到矛盾——他主管冲动和自我控制的大脑区域还在发育之中，所以他想创作的冲动胜过了他对规则的了解。

相关话题

“我没做过。”：第142～143页
“刚才做得还好吗？”：第164～165页

并不能因为孩子说他知道某条规则，就认为他始终能够控制住自己的行为，以遵守这条规则。

他的想法：

“我太喜欢一边画一边让我的蜡笔在墙上划来划去了。”

孩子正在学习因果关系——当他把蜡笔放到墙面上时，彩色线条就神奇地出现了。在这一年龄段，孩子的手眼控制力已达到一定的发育水平，他会觉得在垂直平面上涂涂画画更轻松、更好玩。

如何应对

眼下……

①

理解孩子的矛盾情绪。如果你抓到孩子正在“做坏事”，不要因为他学说你的话或复述规则而愤怒。你要认识到，他还不具备高水平的理解力，所以无法解释为什么自己的冲动会打败理智。

②

让孩子帮忙清理。让孩子帮忙清除他的画，这是违反规则导致的直接、即时的后果。

③

解释什么才是恰当的。告诉孩子不可以在墙上画画，因为墙并不是他一个人的，而且它们的作用并非画画。教育孩子：“我们不能在墙上写字或画画。”

长期而言……

提供其他机会。可以买几卷能在竖着的画架上用的纸，或者户外用的粉笔，利用户外的大空间满足孩子想在更大平面上画画的需求。

鼓励孩子上美术课。画画是孩子能够表达想法和情感，以及发展动作技能的最重要方式之一。忍住不要炫耀你的艺术才能，这可能会让孩子受挫，因为他会觉得自己没法画得像你一样好。相反，你要表现出兴趣，并让孩子自己决定画什么。

第 5 章

6～7岁的孩子

“我必须得告诉你一些事情！”

在7岁左右，孩子几乎还完全“活在当下”。他们往往会在大人说话时打断大人，因为他们是如此关注自己的需求，而且还没有学会完全控制自己的冲动。

场景 | 你正在和一位朋友打电话，你的孩子不断打断你，告诉你一些他发明的游戏。

他说：

“我必须得告诉你一些事情！”

你可能会想：

“他为什么总是来打断我？难道我就不能好好和别的大人谈话吗？”

在孩子生命的最初几年，你总是很快地回应他的哭喊声和需求。现在，他会觉得有点难以适应情况不再像以前那样——你的回应没有以前那么及时了。

虽然你可能会被孩子的唠叨所激怒，你也可能会因为暂时忽略孩子而感到内疚，但也应该考虑一下你是否给他发出了矛盾的信号。同时还要知道，如果你的确满足了他的所有需求，可能就会给他造成这样的印象：只有他的需求才重要。

帮助孩子了解，即使你很忙，你也总是关心他的。

他的想法：

“我等不及了。妈妈会在我很忙时打断我，所以我也能这样。”

到了这个年龄段，孩子正学习延迟满足。孩子能够在得到安慰的情况下等待较短时间，但等的时间太长会让他放弃希望，觉得自己被拒绝了。在他看来，打断你是很自然的事情，因为你之前很可能在他玩的时候打断过他。

相关话题

留出高质量陪伴时间：第84～85页
“我无聊了。”：第218～219页

如何应对

眼下……

①

给孩子发出信号。表示你知道他在那里——和孩子笑一笑，握一握他的手，说你已经注意到了他想要什么东西。你也可以竖起手指来表示你大概还要多久。

②

设定时间框架。孩子已经开始了解，时间可以分成更小的部分，每个部分可以完成一些事情。为避免让他以为还要很久才能等到你的回应，你可以说：“我需要10分钟的安静时间和简（人名）打电话，我打完后立即就能听你说话了。”

长期而言……

把通话安排在孩子不在的时间。和孩子在一起的时间非常宝贵，孩子可能会把“你太忙而无法和他谈话”视为拒绝。尽可能将较长时间的通话安排在孩子上学或睡觉的时间，或者可以建议朋友在这些时间回电话。

提前计划。预防是避免被孩子打断的最佳方法。在你打电话时，准备好一些玩具、书或其他安静的活动。如果电话铃响了，你可以问孩子：“在我开始打电话之前，你需要什么东西吗？你想做点什么？”

树立好榜样。大人总忘记自己也会经常打断孩子正在做的事情。如果你想让孩子保持礼貌、尊重别人，你也要做到这样。例如，告诉孩子：“看起来你玩这个游戏玩得很开心，但我需要在上床睡觉前打断你两分钟收拾一下。”

“这不公平！”

随着孩子公平意识的形成，如果他们感到自己受到了不公正的对待，尤其是和兄弟姐妹比较时，他们会开始抱怨，可能还会抱怨更多。这一行为标志着孩子开始质疑父母的决定以及这个世界的运行方式。

场景 | 孩子问，为什么他需要比9岁的姐姐早上床1小时？

他说：

“这不公平！”

你可能会想：

“这不可能，我做不到让每个孩子都满意。”

如果觉得自己离开后会发生各种令人激动的事情，那么孩子很难愿意离开当时的场景。他可能会对自己需要提前上床反应过度，因为这实际上并不是睡觉时间的问题，而是他和你在一起的时间多少的问题。

令人抓狂的是，虽然你已经尽了最大努力，但孩子们还是一直找机会指控你不公平。话虽如此，父母还是要避免反击，说出“人生本来就是不公平的”之类的话。虽然这可能就是事实，但是请将之保留到孩子更大些时再说吧。就现在而言，这种观念太过严重了。

每天给予孩子“特别”时间，这样他在其他时间宣称自己得到不公平对待的可能性就会降低。

他的想法：

“我有时候觉得爸爸妈妈不像爱姐姐那样爱我。”

这个年龄段的孩子超级注意自己是否获得了与兄弟姐妹相同的时间、关注、特殊待遇和特殊礼物，虽然他可能会忽视自己更占便宜的时候。他会觉得姐姐才是你最爱的孩子，他还想通过更晚睡觉向你表明，他是和姐姐一样的大人了。

如何应对

眼下……

①

停下来予以倾听。向孩子表明，你已经意识到了他的抗议，你可以说：“我理解你很难过，但你有充分的理由早点睡觉。”

②

给出理由。年龄不同的孩子有不同的需求。如果两个孩子中一个是6岁、一个是9岁，更年幼的孩子则需要更多的睡眠，因为这样才能让孩子的大脑快速发育。告诉孩子，当他9岁时，他也会被允许到更晚时间再睡觉。

③

解释“公平”并非总是等于“相同”。为说明不同的孩子需要不同的东西，你可以给孩子举个例子。比如，如果他的姐姐喜欢有关仓鼠的书，而他不喜欢，他们在生日时是否应该得到相同的书作为礼物？

④

回避辩论。向孩子明确你的决定就是最终决定。你可以提出带他去床上读一本他选的书——这样他会觉得自己重新获得了一定的控制权，你还可以说你明天会和他讨论一下对上床睡觉时间的规定。

长期而言……

给予孩子特别时间。如果孩子经常说他得到不公平的对待，这可能就表示他觉得自己并没有得到你足够的关注。每天确保在睡前故事时间以外，再留出10～15分钟的一对一相处时间。在所做的其他家庭决定中纳入孩子的意见，如晚饭烧什么菜或去哪里散步，这样他会觉得自己的意见得到了重视。

相关话题

“但妈妈说我可以的。”：第186～187页
“但我不累。”：第216～217页

“我做不来。”

我们都希望自己的孩子自信，是个乐观进取的学习者。所以，当孩子对自己的能力感到焦虑，连尝试都不敢去尝试时，父母往往会感到担心。这时，他需要你的帮助来应对这些使自己变得虚弱的思维模式。

场景 | 孩子刚开始写英语家庭作业，就把习题页揉成一团，扔到了地板上。

他说：

“我做不来。”

你的孩子为不知道作业该如何写而感到焦虑。这一焦虑已经触发他大脑中“战斗还是逃跑”的反应，这就意味着孩子的理性脑区已经停止工作，实际上他已经无法弄明白该怎么完成这一任务。

你可能会想：

“我一直都在告诉他，他很聪明。我怎么才能让他不这么消极呢？”

你可能会觉得孩子为逃避作业而表现得过于夸张了，也可能会害怕孩子的自信不足会触发“自我实现预言”——当孩子一直说自己不行时，他就会按照这种想法行事，最终这些话就会像预言一样变成真的。面对这种情况，你的直觉反应是告诉孩子他是能做到的，但他并不相信你，因为你的话和他的感受并不匹配。

当孩子说他做不到时，告诉他，他会在努力后有所进步。

他的想法：

“因为我自己都认为自己做不到，那这肯定就是真的。我真没用。”

你的孩子这样想时，他认为自己必须听从这个念头。他还未形成自己的观点，所以很容易非黑即白地看待事情。现在他不知道该如何着手，所以直接得出结论——自己无法做到。

相关话题

“我真没用。”：第210～211页
“我不如他们好。”：第220～221页

如何应对

眼下……

①

告诉孩子，他可以选择不听。消极的自我对话是一种内在的欺凌。你的孩子没有意识到，在听到这些批评的声音时，他其实并不一定要听从它们。向孩子解释，“告诉自己做不到”只会让他的大脑受到束缚，阻碍其正常发挥作用。

②

帮助孩子厘清这些消极的声音。鼓励孩子把在脑海中告诉他完成不了作业的声音想象成一个人，给它起一个名字，如“做不到小姐”或“消极小姐”，这样他就能让它保持安静。

③

表扬孩子的每一点进步。让孩子冷静下来。在孩子再次尝试做家庭作业时，表扬孩子的每一点进步。如果他真的感到非常费劲，不要强迫他。和他的老师谈谈，评估他的能力，让老师知道他现在表现出了低自信的迹象，这样老师就能够在学校里帮助孩子增强自信。

长期而言……

回应孩子。可以给孩子提供简明扼要的祷告语，让他立即用于对抗脑海里冒出来的消极想法，如“我尝试得越多，我的大脑就发育得越好”。

警惕你的批评。有时候，父母觉得自己必须训练孩子顺利完成竞争愈加激烈的学校教育。但你本意是希望能帮忙的意见，在孩子听来可能就像是批评。为鼓励你的孩子，请留意他做得对的地方，而不是他做错的地方。

“我恨你！”

相比于成人，孩子的极端情绪会更多。所以，虽然在高兴的时候孩子会很喜欢你，但当事情没有按照他的想法进行时，他会感到每件事情都讨厌极了，也包括你在内。在这些时刻，他可能会把自己的挫败感理解为仇恨。

场景 | 你不准孩子再看一集他最喜欢的电视剧。

他说：

“我恨你！”

你可能会想：

“他怎么能这么说？他真的是这样想的吗？”

刚听到这些话时，你可能会很震惊，但孩子的情绪爆发也标志着他相信你会继续爱他——不管他对你说什么。这表明孩子觉得自己能够安全地表达自己的愤怒，相信你不会厌弃他。

你如此爱你的孩子，所以听到他说出这么残忍的话，你很可能会感到难过。在孩子学习如何表达自己的情绪时，很重要的一点是，你需要保持清晰的界线，不要屈服于孩子想要的，即使当时的气氛很紧张。

当孩子说“我恨你”时，他是在尝试将他不知道该如何表达的强烈情绪用简单的话语说出来。

他的想法：

“大人叫我做什么，我就得做什么，我讨厌这样，这不公平。”

“我恨你！”这句话来自孩子负责情绪反应的脑区，而非理性思考的脑区，思考这些话语与感受这些话语并不一样。孩子还不具备娴熟的语言技能和自我控制能力，无法清晰地表达出自己的意思：“我真的很喜欢看这个节目，因为你不让我想看多少就看多少，我很生气。”

相关话题

“我真想有个不同的家。”：第194～195页
“你从不让我做任何事情。”：第238～239页

如何应对

眼下……

①

保持冷静。你的孩子很可能因为太过难过而听不到你说的任何话。所以，避免回应说“好吧，我爱你”或“你知道我爱你，真的很爱”，这会让你的孩子感到羞愧。如果你感到受伤，可以离开1～2分钟，以控制自己的情绪。

②

厘清情绪。你的孩子正处于情绪化的状态，你可以用简洁明确的话语说清楚他的感受，这样他就知道你理解他难过了，但不要将他的行为正当化。你可以说：“我明白你因为不能再看一集电视剧而生气了。”

③

探索处理感情的方式。在孩子感到受挫或生气时，建议他深呼吸几次，或尽可能用力地捏玩具。这是孩子学习管理情绪的起点——虽然需要一定的时间才能掌握这一能力。

④

将关注点放在孩子的沮丧情绪上。要提醒自己，孩子的话并不针对个人，他讨厌的是你设定的界线而不是你，这样你就能保持冷静。

长期而言……

等待尘埃落定。不要惩罚孩子。之后，孩子很可能会感到羞愧，你可以帮助他分析这一情绪，向他解释“恨爸爸妈妈”和“讨厌规则”之间的区别——规则意味着为了他的健康着想，他并不能总是想要什么就要什么。

“但妈妈说我可以的。”

如果你和你的伴侣对家中的某些基本原则没有达成一致意见，即便是在最好的情况下，它也会让人泄气，而在最糟的情况下，它会产生破坏作用。这一情况会导致夫妻之间产生距离，形成紧张状态，给孩子带来困惑和不安全感。

场景 | 你回家后发现孩子在看平板电脑，虽然你们已约定“这周不玩电子产品”这一规则。

他说：

“但妈妈说我可以的。”

为人父母时，对于应该如何养育孩子，每个人都有不同的想法。因此，在如何养育孩子上两人会出现冲突，导致出现紧张状态，特别是在规则的遵守这个问题上。但如果你们能一起合作，孩子就能更好地理解你们对他的期望，这反过来可以让他更有安全感。

相关话题

“这不公平！”：第180～181页
“不要争了！”：第214～215页

你可能会想：

“我一直在确保他这周不会使用电子产品，为什么孩子的妈妈要让我的任务更难完成呢？”

他的想法：

“妈妈和爸爸对规则的意见不一样，我该怎么做？”

约定孩子需要坚守的规则并非易事，所以，如果你觉得你的伴侣破坏了你的努力，你很可能会埋怨对方。你也可能会因为自己在孩子面前的权威受到质疑而感到生气，而孩子现在已经发现如何让你们相互攻击了。

虽然孩子还不具备恰当水平的认知能力来理解原因，但是被夹在父母之间时，他可能会感到害怕、困惑和生气。即使这样做让他在短期内获得了一些好处，但只有在你们达成共识时，他才会感到更安全，觉得自己得到了更多关爱。

如何应对

眼下……

①

保持沉默。避免在孩子面前表现出你的愤怒或对所发生事情的不赞同，因为这会使父母双方的权威都受到削弱。

②

重申情况。孩子说“但妈妈让我做这个”时，你可以做出冷静的回答：“有时候我们的行事方式会有点不同，但我们都同意你应该现在就关掉电子屏幕。”向孩子重申规则，这样他就知道他应该遵守规则。

长期而言……

统一战线。其他时候，如果你不同意对方处理问题的方式，可以问孩子“我能帮忙吗”，而不是在孩子面前反对在你看来已经做错了的事情。

同意团队合作。稍后，和你的另一半坐下来，并讨论你们之间有关孩子养育的基本价值观。相互解释为什么这些价值观对你们很重要，然后找出双方都同意的折中方案。

不要“补偿”。即使你总是两个人中那个更严厉的家长，并感到对方特别放任孩子，也不要因此而对孩子更严格。

良好的举止

小婴儿打嗝或打哈欠看起来都很可爱。但在小孩子开始走路和讲话后，情况就不是这样了，大人很快就开始期望他们能够像小大人那样行事，学习成年人的社会行为规则。

大部分父母都急切地想教会孩子各种规矩。但良好的举止不仅包括恰当使用刀叉之类的细节，还包括有意识地去获知他人的需求和感受，并尊重他人。

研究发现，良好的举止是非常重要的终身性技能，对孩子以后交朋友以及职业的成功都非常关键。

从2岁起，孩子开始了解这个社会，并懂得别人也有感情，也需要以礼相待，就可以学习礼仪了。你需要不时地用自己的判断力来确认孩子的行为是否与其发育水平基本相符。其间，前后一致、重复练习和耐心是关键。

1

做出承诺

要养育一个举止得当的孩子，你需要清醒地下定决心，因为你本人就需要一直展示良好的举止，不管是在家里，还是在外面。

4

家中就餐时间

培养孩子良好举止的最好的时机和场所，就是在家里吃饭的时候——最终，孩子会和大人一样坐到餐桌旁，使用餐具，小声说话，吃的时候不发出声音，闭着嘴巴嚼东西，并等到就餐结束后再离开餐桌。

6

使之有趣

向孩子展示说“神奇的”词语，如“请”和“谢谢”，这些词汇会让自己的请求更容易得到满足。

最佳做法：

八项关键原则

2

简单启动

最简单的做法，就从提醒孩子说“请”和“谢谢”开始。当这些话语变成孩子的第二天性时，再着重增加一到两项礼貌要求，可以让孩子完全掌握这些要求，然后再学其他的。

3

鼓励眼神接触

如果孩子能够和别人有眼神交流，大人和学校里的同学都会认为他更友好。帮助孩子进行练习，可以将之变成一个游戏——让孩子确定和自己说话的人的眼睛是什么颜色。

5

解释为什么举止很重要

礼仪是指好好地对待别人，并受到别人的好好对待。和孩子讨论良好的举止如何让生活变得更轻松、更快乐，良好的举止也能让别人更喜欢他们，对他们更友善。

7

表扬孩子

让孩子听见你向别人表扬他的良好举止，并指出他有礼貌的行为，让他享受积极的关注。

8

良好的举止 ＝ 交友技能

向孩子解释，向别人问好、用正脸对着他们，并等待轮到自己时再说话，这在与别人相处、交朋友时也非常重要。

各年龄段的

针对性建议

2～3岁

每日的问候。每天早上对孩子说“早上好”，也问候其他家人。

借助玩具。可以使用毛绒玩具、玩偶或木偶表演吃饭时候的场景，练习说“请”“谢谢”“不客气”和“对不起”。

4～5岁

个人信函。这个阶段，孩子开始学习书写和绘画，让他们在感谢信上画出或签上自己的名字，告诉他们这会让别人感到很高兴。

棋盘游戏课。棋盘游戏可以给孩子提供一个机会，让他们在享受乐趣的同时，学习合作和轮流。

6～7岁

最好的主人。在约好一起玩的日子来到之前，讨论如何在门口向客人问好，问客人想要做什么，分享玩具，并在玩之后说再见。

礼貌可以带来好心情。向孩子指出，为长者开门或让座，是在认可他们的重要性和需求——这会得到他们的感激，并让他们感到高兴。

“没人喜欢我。”

对于这个年龄段的孩子来说，有好朋友已经成为一件愈加重要的事情。他们不再满足于玩伴，而是希望与志趣相同的小朋友形成更为紧密的纽带。但是如果落单，孩子会感到伤心。

场景 | 你的孩子从学校出来，告诉你，他没有朋友。

他说：

“没人喜欢我。”

你可能会想：

“感觉好无助，我没办法替他交朋友。”

孩子会不时地说自己没有朋友，这并非不寻常的事情。在这个年龄段，孩子以非黑即白的方式思考问题。所以，如果某天被其他孩子拒绝一起玩，他们就会认为所有人都不喜欢自己。有些孩子需要帮助才能解读别人发出的社交信号，并了解如何加入别人，如何轮流玩，以及如何做一个有趣的玩伴。

想到孩子一个人孤零零地在操场上，找不到可以一起玩的朋友，父母的心都要碎了。你可能需要给孩子提供引导和支持，指出他哪些地方可能做错了——研究发现，除非有人给他们指出，否则孩子通常无法意识到这些。

每个孩子都会在某个时间点觉得自己没有朋友。你的作用就是提供你的观点，并让孩子在家中感受到被爱。

相关话题

“他们对我很不好。”：第192～193页
“我再也不玩了！”：第224～225页

他的想法：

"今天没人和我玩，会有人重新喜欢我吗？"

你的孩子发现了友谊也有起伏变化——但孩子今天感到孤单，并不意味着他明天也没有玩伴。如果他觉得在学校遭到嫌弃，在家里能感到被接纳就更重要了。

如何应对

眼下……

予以倾听，并拥抱孩子。承认孩子的感受，让他知道你们爱他。向他保证友谊变化得很快，他最终能培养新的交友技能。

长期而言……

练习交朋友的技能。孩子能够学会"社交智慧"，并通过练习提高社交水平。可以玩棋盘游戏（轮流）帮助孩子学习，以及培养孩子如何与别人建立联系（进行眼神交流并微笑）。

谈论解决问题的技能。如果你的孩子经常与朋友们吵架，那就给他提供一些可以帮助他顺利度过友谊艰难期的策略。帮助孩子学会如何在友谊出现嫌隙时接受道歉或向别人道歉。

帮助孩子学会共情。如果孩子能够学会更好地理解别人的感受，他就能学着用恰当的话语和姿态做出回应，从而更受别的孩子欢迎。可以做游戏练习，让孩子观察游乐场或电视中其他孩子的脸，并猜一猜他们的情绪。

鼓励形成更广泛的朋友圈。学校就是一个社交的"压力锅"。如果孩子在校外有其他朋友，那么在同龄人中没有如他所愿交到很多朋友也不会有太大影响。

“他们对我很不好。”

当孩子告诉你，别人对他不好时，父母往往会感到很难过，此时想保护孩子不受伤害是父母的一种天性。但当孩子学着社交时，他们需要学会应对一定程度的社交痛苦——当然，这种痛苦应该在正常范围内。

场景 | 孩子告诉你，在休息时间，其他男孩子不让他加入他们的游戏。

他说：

“他们对我很不好。”

你可能会想：

“我的孩子被欺凌了，我必须做点什么。”

孩子有时会说他没有朋友，这并非不寻常的事情。在这个年龄段，孩子很敏感，因为他正在根据小朋友对他的看法而形成自我身份的认同。但如果他经常这么说，就可能表示他需要更多地练习如何去解读社交信号，以及弄清楚如何加入游戏。

虽然你想保护孩子，但将每一个不友好的行为都贴上“欺凌”的标签将无济于事——从社会意义上讲，欺凌是指一个强大得多的孩子对一个更弱小的孩子实施长期性的、有组织的行为，且已引发伤害。如果你发现任何有意且持续的针对性行为，你就需要介入去帮助孩子。

相关话题

“我不想去上学。”：第196～197页
“但我所有的朋友都有一个。”：第208～209页

作为父母，你的任务是训练孩子自己处理交朋友的问题。

他的想法：

"他们对我很不好，这不公平，这是否就意味着我永远都不会有朋友了？"

友谊对孩子的情绪健康和自信心有着根本性的影响。在这个年龄段，孩子秉持"全或无"的思维方式。打个比方，如果哪天孩子的朋友告诉他不想和他玩，孩子可能就会把这当作自己普遍不受欢迎的信号——除非你告诉他事实不是这样的。

如何应对

眼下……

①

发现细节。看看你是否能梳理清楚细节。让孩子告诉你：如果有一台摄像机拍摄了互动的过程，那它会看到什么？还可以借助玩具玩角色扮演游戏，这样你就能够了解整个事件的变化过程。

②

解释明天会不一样。在这个年龄段，孩子的友谊变得很快。和孩子说，今天有人对他不好，并不意味着他明天在操场上也会玩得不开心。

③

告诉孩子不要往心里去。在别人表现得刻薄时，不要让孩子认为这是他自己的错，或者认为这表示他不受人欢迎。提醒孩子他的优点有哪些。

④

保持客观。将过去的记忆与孩子现在受到的伤害分开，如果你反应过度，事件的严重性就会被夸大。孩子需要了解一点，冲突是人际关系中不可避免的组成部分。

长期而言……

在家里支持孩子。向孩子明确表示你喜欢他，希望和他在一起，由此帮助他建立自我价值感。如果你的孩子有强大的内心，别人刻薄的语言就永远不会对他造成大的伤害。

“我真想有个不同的家。”

作为父母，你尽最大努力创造了一个有爱的家，所以当孩子生气并对你说他想有一个不同的家时，你会非常难过。识别潜藏在孩子说的话后面的情感，这能够帮助你冷静地做出应对。

场景 | 你告诉孩子他不能去同学的派对，因为你们必须一起参加家庭聚会。

他说：

“我真想有个不同的家。”

你可能会想：

“我们只是在努力为他做到最好，他怎么能够说出如此伤人的话？”

随着孩子在外面的时间越来越多，他意识到别人家有不同的规矩，所以他会开始进行比较。他现在已经知道你的感情也会受到伤害。在他发脾气的那一刻，为了让你改变主意，他已经有能力说一些令人震惊的话。

你可能会很难过，因为孩子的话就像在厌弃你所创造的家、你的价值观和所有家人。如果现在的生活不如你想的那么幸福，他的话还可能会引发你对过去所犯的育儿错误或当前情况的内疚。

相关话题

“但妈妈说我可以的。”：第186～187页
“你从不让我做任何事情。”：第238～239页

他的想法：

“我真的很想去参加派对。如果在别人家的话，他们的爸爸妈妈会允许去的。”

你的孩子正在使用“选择性注意力”来寻找证实自己观点的证据——如果他在一个不同的家庭里，他就能够去参加派对。但他真正的意思是，你并不理解他有多想去。

如何应对

眼下……

①

对事不对人。主要问题在于孩子纠结的情感。你的孩子通过将自己难以处理的情绪投射到你身上来解决问题。请保持理性思考，记住，作为无条件爱他的人，你是他发泄挫败感的最安全的对象。

②

承认语言后面的情绪。尽量不要被孩子刺激到，相反，应该用语言说清楚他为什么听起来很沮丧，让他知道你理解他的心情。在孩子冷静下来后，告诉他，生气没事，但这不能成为冷酷无礼的理由。

③

深入谈论你的理由。在孩子更有逻辑的脑区重获控制后，可以向孩子做出解释：虽然派对很有趣，但家庭活动通常更重要，他是家里非常重要的一分子，大家会想他的。

长期而言……

从孩子的角度看问题。虽然孩子可能正在用语言抨击你，但是你也可以问问自己，有没有发生任何事情让他感觉自己像个外人？比如，兄弟姐妹间的矛盾。孩子实际上是不是在请求给予他一对一的相处时间？

拉近距离。计划一些可以让你们变得更亲近的活动，这样孩子就会产生归属感。可以一家人一起吃晚餐，并逐渐培养一些家庭传统，如每个星期度过一个电影之夜。

“我不想去上学。”

所有孩子都会有几天不想上学。除了生病，孩子还会有其他原因想待在家里。如果这在数周内反复发生，你需要弄清楚是什么在困扰孩子，以及他为什么不想去上学。

场景 | 早上，你的孩子拒绝穿衣服去上学。

他说：

“我不想去上学。”

你可能会想：

“他在捣乱，他必须去上学，而我还有工作要做。”

如果孩子并无生病症状，那么他拒绝上学背后肯定有别的原因。可以评估一下孩子的性格——正常情况下，他是一个劲头十足的孩子，还是一个总是不情愿上学的孩子？是否存在潜在的问题？所有的不安情绪都会引发焦虑，导致孩子想待在家里。

如果你的心里充斥着各种矛盾的情感，那么你很容易慌张起来。他是不是真的病了？他是不是在耍我？我应该对他多严格？在你还在上班的情况下，你很可能还会担心需要请假一天——而如果你怀疑孩子实际上并没有生病，你会有些怨气。

相关话题
“没人喜欢我。”：第190~191页
“你为什么必须去工作？”：第236~237页

对学校保持积极态度。向孩子解释，他会在学校里学习自己长大所要知道的各种技能。

他的想法：

“对我来说，家里安全、平静多了。”

孩子的身体对情绪很敏感，如果孩子对什么事情感到焦虑，那么他会想待在家里和爸爸妈妈在一起，以获得安全感。事实上，无论是对于学校的测试，还是朋友间的友谊问题，孩子都可能会非常担心，以至于真的会肚子痛。

如何应对

眼下……

①

坚持界线。对孩子保持耐心，并对孩子的情绪给予反馈，这样他就知道你在倾听，但同时应保持态度坚定，不要屈服。

②

慢慢来。如果你感到焦头烂额，提前打电话给学校，解释说孩子可能会迟到；如有必要，向工作单位请假，这样你就能保持冷静，更周全地处理问题。

长期而言……

让早上变得可管理。将上学前的准备分解成更小、更容易达到的多个步骤。在孩子完成每一步骤后大力表扬，包括起床、穿衣服、吃早饭和到达学校操场。

帮助孩子表达自己。可以使用“外化”法让孩子说清楚自己的担忧。让孩子想象出一个会说一些让他焦虑的事情的角色。下次，在你的孩子听到这些担忧时，问孩子“担心鬼”是不是在大声说话，或问问它在说什么。这样，你就可以和孩子一起“回击”这些情绪。

和孩子的老师以及医生谈一谈。如果孩子出现了特定的行为模式，你需要和学校沟通，以确定是否存在问题。如果孩子经常说自己肚子疼和头疼，有必要带孩子去看医生，以排除任何生理因素。

“他是我最好的朋友。”

上幼儿园后，一开始，孩子通常会很喜欢和身边的小朋友一起玩，不论他们是谁。但到六七岁时，孩子可能想找一个志趣相投的朋友——“最好的”朋友，并更喜欢这位特别朋友的陪伴。

场景 | 孩子告诉你，他现在有一个“最好的”朋友。

他说：

“他是我最好的朋友。”

你可能会想：

“他建立特殊情感纽带的速度是不是太快了？”

有一个特别的朋友后，孩子在学校里什么事情都想和他（她）一起做，这会让他感到更安全。因为害怕落单，孩子会很高兴一直都有人想做他的搭档，并且非常享受这种安全感。他也会因为有人足够喜欢他，将他指定为自己最好的朋友而感到自豪。

如果两个孩子建立联结，并同样喜欢彼此，那么这样的友谊会是喜悦和快乐的来源。话虽如此，如果孩子还没有最好的朋友，也无须担心。从现在开始，你会看到孩子一边寻找朋友分享自己内心的想法，一边逐渐弄清楚适合自己归属的人群是哪些。

良好的朋友关系会让孩子在学校里更快乐，但并不是每个孩子都必须有一个“最好的朋友”。

他的想法：

“我希望他只和我一起玩。”

拥有最好的朋友也有不利的一面——它会给孩子带来束缚。随着孩子的社会关系变得更复杂，他们可能会在满足特定条件时就承诺是最好的朋友，而在最好的朋友和别人玩时就取消这个称号。最好的朋友可能每天都会变。

如何应对

眼下……

①

将关系置于背景中。如果孩子告诉你，他有了最好的朋友，你应该为这个消息感到高兴，并让他介绍这位朋友。

②

提醒孩子还有其他朋友。利用这个机会谈一谈孩子的其他朋友。提醒孩子让其他朋友加入游戏，这样，最好的朋友关系就不会变成唯一，孩子也不会在这段关系不可避免地陷入困境时感到孤单。

长期而言……

让孩子也使用其他词汇。孩子也可以用“好朋友”或“亲密的朋友”来描述与自己形成信任关系的小朋友。和他解释，如果他给出“最好的朋友”这一称号，就会给其他人造成他们对他不那么重要的印象。

不要将之视为理想状态。有最好的朋友，就表示始终有人相伴，所以能够提供安全感，但不与单一一个小朋友建立紧密联结，就意味着自由。只要孩子高兴，他有最好的朋友也行，没有最好的朋友也无妨。要帮助孩子也了解这一点。

准备好面对变化。研究发现，如果孩子有最好的朋友，他会和这个朋友争吵得最多。所以，预备好给孩子提供支持，帮助他度过这些时期。但话虽如此，由于孩子间的关系很密切，他们也非常重视之后的和好，会努力修复彼此的关系。

相关话题

“他们对我很不好。”：第192～193页
“我有男朋友了。”：第222～223页

学校的压力

即使还在小学阶段，孩子也开始要准备参加某些科目的标准化统一考试，且有个情况会变得清晰易见，即有些孩子觉得功课比较容易，而有些孩子却觉得比较难。

父母担心孩子在学校的表现是很常见的事情，但重要的是你需要正确看待这个问题，谨记学校衡量的仅是孩子的部分能力。

抗挫能力强大的孩子

不管孩子的学业成绩处于什么水平，都应该培养孩子的抗挫力，帮助孩子认识到，自己在生活的很多方面仍有不错的能力，尤其是那些在课堂中无法衡量的——如善良、大方或创造力。

即使孩子能够在学校的测试中得高分，也应该向他强调一个事实，即你并不期望他每次都拿最高分，也不要求他必须做到最好。

向孩子明确一点，你对他的爱是无条件的——他从来不需要用好分数来“赚取”爱。

请记住，情绪健康——而非考试分数——才是将来孩子幸福与否、成功与否的最佳预测因素。

1

重视每一种品质

鼓励孩子将自己看作一个多面的人，而不仅仅是书面成绩累加的结果。认可和表扬孩子的优秀品质，如幽默、感恩、社交技能、自我控制力、乐观和有毅力等。

4

称赞独特性

不要将你的孩子与别人进行比较，相反，应该认可那些使你的孩子独一无二的品质。

6

表扬孩子的努力

不要根据某项固定不变的技能去表扬孩子，如“擅长数学”，相反，应该表扬孩子可以控制的品质，如坚持和努力。向孩子解释，他学习科目的成绩最终能够通过努力变得越来越好。

最佳做法：

八项关键原则

2

使用词语“还”

如果孩子不能够轻松地做到某件事情，这通常是因为他们还没有机会学习或练习。向孩子确保，学习是一个持续的过程，对于任何任务，他们都可以通过练习表现得更好。

3

在家中建立一个避风港

你的家应成为孩子的世外桃源，成为孩子在放学后可以重新补充能量的地方。和功课一样重要的是休息时间、新鲜空气、锻炼和家庭活动。

5

学会与自己竞争

向孩子解释，这个世界上只有一个人真正值得他打败，那就是他自己。这样，孩子就能够在进步时一直收获成就感。

7

留出玩的时间

玩和学习其实是一回事。研究显示，最好通过真实的生活和经验来学习科学和数学。例如，如果教会孩子怎么用钱，他们自然就会理解钱；如果孩子有更多的时间探索大自然，看到有些关键概念在真实世界中是如何运行的，他们就更能够理解科学。

8

解释大脑如何工作

帮助孩子理解，大脑就像肌肉，通过锻炼会变得越来越强大。更大一些的孩子可以理解，通过练习和重复能够建立神经通路，神经细胞会彼此发生电信号而建立关联，并形成网络。这些细胞连接得越多，网络就越强大，记忆由此形成，最终变为技能。

各年龄段的

针对性建议

2～3岁

自由玩耍。即使是很小的孩子，也会在大人想控制他们的游戏，“教”他们一些事情的时候有所察觉，所以不要将游戏变成一堂课。

简单的就是最好的。不要对某些高科技玩具或App的宣传信以为真，以为它们能够让你的孩子变得更聪明。最简单的玩具就可以让孩子学得最好。

4～5岁

避免竞争性育儿方式。避免和别的父母比较阅读和数学水平，将这些技能变为比赛，会对你的孩子造成很大的压力。

天生的才能。帮助孩子让他以自己天生感兴趣的活动作为自身的基石，这样他在其他领域也会感到自己可以胜任。

6～7岁

积极的兴趣。即使孩子现在已经开始在学校接受测试，也要询问他的学习内容，而非他得了几分。

做到克制。通常在孩子听来，父母对他们家庭作业的点评就是批评，即使父母的本意是建设性的。更多地指出孩子做对的地方，而不是他们做错的地方。

“家庭作业真烦人。”

大部分孩子在上小学后就会被布置一定量的家庭作业。但在孩子上完一天的课回家后，坐下来做更多的功课通常是他们最不愿意做的事情。所以，很多孩子会找借口逃避写作业。

场景 | 孩子拒绝坐下来完成他的数学习题。

他说：

“家庭作业真烦人。”

你可能会想：

“为什么我们又得来这么一出？我今天已经够累的了。”

要弄清楚孩子说家庭作业真烦人是在表达什么意思。他是指这不如玩有趣，还是说他不知道作业该怎么做？当你予以倾听、理解并帮助他检查任务后，孩子会更愿意开始认真写作业。

你的孩子正在学习完成作业所需的技能和自律。不要因为孩子反复拒绝写作业而对他生气。你可能会忍不住想帮他做，但这可能会传达错误的信息：如果他闹得厉害，你就会帮他做。你的作用是培养孩子的良好习惯，向他展示如何承担责任。

有了良好的习惯，家庭作业自然不是问题，你的孩子也会变得更乐意动手完成作业。

他的想法：

“这看起来好难。我真想让家庭作业消失掉。”

在这一发育阶段，孩子仅能在较短的时间内集中注意力，肯定不想一回家就写作业。而且，数学课上完已经过去好几个小时了，他可能会担心自己不能独立应用课上所学的内容来完成作业。

相关话题

“我真没用。”：第210～211页
“我必须得学习音乐吗？”：第230～231页

如何应对

眼下……

①

不要施加压力。在这个年龄段，孩子通过玩来学习和埋头苦练数学习题一样重要。孩子每天只要完成一点阅读或心算就足够了。

②

作业应在短时间内完成。大部分老师都会告诉家长，他们希望学生花多少时间完成家庭作业，所以要坚持这一要求。像煮蛋计时器这样的可视化装置，可以向孩子显示家庭作业多长时间能够完成。你可以坐在边上——做你自己的“家庭作业”，这样你就可以给予孩子鼓励，并响应孩子的求助以回答问题。

长期而言……

在之后给予奖励。在孩子不进行任何抱怨就完成家庭作业后，可以立即提出和他玩一个游戏。也可以做一个奖励罐，在孩子每次不抱怨就完成作业时，放一颗鹅卵石或弹珠进去，并约好集够5颗时给孩子一点特别的小礼物。

建立家庭作业基地。打造一个专门写作业的地方。厨房的桌子可能是最好的地方，这样你就能待在边上。排除任何会导致孩子分心的东西，如各种装置和玩具，并提供孩子所需的所有东西——铅笔、橡皮和尺子。

选择相同的时间。因为孩子课后活动的不同，你设定的时间可能会有差异，但应约定在一星期内每天的固定时间做家庭作业，并坚持下去。当这成为习惯，就会变成生活中的不变事实，吵架的事情就会变少。

“我是最棒的。”

随着同伴的认同变得越来越重要，孩子有时候会认为，如果说自己在某些方面特别厉害，别人就会更喜欢自己。他们可能还没有意识到“吹牛”有时候会令人讨厌。

场景 | 孩子一直在告诉别的孩子，他是最好的足球得分手。

他说：

“我是最棒的。”

孩子现在开始意识到每个小朋友都是不同的。当你的孩子开始将自己定义为一个人时，他就会和别人比较成就、技能和所拥有的东西。他可能会认为，如果他能够让别的孩子印象深刻，他们就会想成为他的朋友。

帮助孩子知道，他们无须通过和别人比较成就来获得良好的感受。

相关话题

“他们对我很不好。”：第192～193页
“我不如他们好。”：第220～221页

你可能会想：

“如果他继续炫耀，别的孩子会不喜欢他的。”

他的想法：

“我的确在有些事情上很厉害，为什么我就不能这么说呢？”

孩子对自己的能力感到骄傲和自信是一件好事。和任何为孩子感到自豪的父母一样，你希望加倍地表扬孩子，但你可能会忍不住想让他不要再夸赞自己的技能，因为没人会喜欢一个爱炫耀的人。可以和孩子谈一谈如何称赞别人，让他们也获得良好的感受。

孩子可能并不知道吹嘘并不会吸引别人。他也还没有意识到，称赞自己的成功会让别人感到自己能力不足。孩子可能需要你的帮助才能理解，在他不断提醒朋友自己最棒的时候，朋友是什么感受。

如何应对

眼下……

①

谈一谈技能。向孩子解释，每个人都有特别的专长，而朋友们各自的长处不一定相同。告诉孩子，他可能擅长踢足球，而他的朋友可能擅长数学或绘画。

②

讨论友谊。告诉孩子，友谊的意义在于享受别人的陪伴，而不是向对方证明你有多么厉害。为了和别的孩子建立联系，要向他展示如何着眼于大家的共同点，而不是那些使他与众不同的地方。

长期而言……

向孩子展示无条件的爱。在学校里，孩子可能也注意到了大家是如何排名和获授奖项的，所以，他可能不想自己被落下。确保孩子在家中能得到很多无条件的爱。

表扬应公允。研究发现，如果父母经常告诉自己的孩子，他们比别人更“特别”，孩子可能就会形成膨胀的自我形象。将重点放在给予孩子温暖和爱上，而不论他的成绩如何。

鼓励在家谈论。让孩子知道你为他的努力感到骄傲，并告诉孩子，虽然在家里和家人详细地谈自己取得的成就是一件很不错的事情，但对朋友们说这些时，能简要总结一下会更好。

“你会让我丢脸的。”

在最初几年，孩子很可能曾告诉过你，你是世界上最好、最勇敢的妈妈，或者你是世界上最有趣、最大方的爸爸。所以，当孩子第一次说，你的行为会让他丢脸时，对你来说是一种打击。

场景 | 孩子说他不想你再在学校操场里和他吻别了。

他说：

“你会让我丢脸的。”

你可能会想：

“孩子不想我在公众场合再亲他，我有些伤心。”

大约在这个年龄段，孩子的社会意识会逐渐增强，他开始注意到自己的家人和别人的家人有哪些不同。他看到别的孩子也在留意这些差别，有时候还会讨论它们。

当孩子认为你永远不会出错的那种“黄金期”结束时，你很可能会感到伤心。但孩子只是感受到了同伴的压力，在理解了孩子为什么说你和他亲吻再见会让他丢脸的同时，不要将这当作孩子在针对你个人。

相关话题

“没人喜欢我。”：第190～191页

“你从不让我做任何事情。”：第238～239页

如何应对

眼下……

①

不要生气。不要将之视为孩子在针对你。孩子没想伤害你，在他看来，他是在保护你，避免别的孩子评价你。

②

尊重孩子的请求——如果合情合理。这个阶段，孩子的自我意识变得愈加强烈，请适应孩子发育过程中必然出现的一些合理要求，比如，在别人面前把他当作大人。这标志着孩子正在成为真实的自己。

长期而言……

回忆你自己的童年。当你还是孩子时，你很可能也曾认为你的父母让你感到丢脸——但现在，你已经是大人了，你热爱那些让你的父母与众不同的品质。以幽默的方式告诉孩子你在他的年纪时的感受。

问问孩子他觉得你是什么感受。可以将之当作训练孩子如何考虑别人感受的一部分，让孩子用“我觉得”句式来解释，在他告诉你你让他觉得丢脸时你的感受。

提供一些意见。应该敏感地察觉孩子的感受和需求，可以问问孩子，在外面时，什么情况下他会喜欢你亲他和抱他，什么情况下他更想让你保持克制。一定要让孩子知道，不要总是屈服于同伴的压力，这非常重要。

他的想法：

“我的朋友们都不吻别了，所以我也不想这样。”

孩子想融入自己的小伙伴，同样地，他想让你也融入其中——这是指你不要和别的父母做得不一样。这并非表明他不喜欢你（或者不想在家里亲吻），他只是担心别的孩子会对此加以评价。

从儿童成长为青少年的过程中，孩子有时会觉得父母让自己丢脸，这是很自然的现象。

“但我所有的朋友都有一个。”

当孩子愈加意识到自己在同伴们中的位置时，他们知道融入其中会让自己感到更快乐。而为了融入同伴，他们可能会说自己“需要”新的电子产品、玩具或衣服。你的回应正是让孩子学会正确看待个人拥有物品的机会。

场景 | 孩子要求有自己的平板电脑，这样他就可以玩最新的电子游戏。

他说：

“但我所有的朋友都有一个。”

孩子现在接触到了更多投放广告的媒体和节目，其中很多广告都是针对儿童的，鼓励“儿童消费力”。当孩子开始和别人比较时，他会受到一种新力量的强大影响——害怕自己落伍、被落下。所以，他想让自己看上去并非异类，他想获得在他看来其他朋友都有的东西。

相关话题

“没人喜欢我。”：第190～191页
“我不如他们好。”：第220～221页

你可能会想：

“也许我应该给他买一个，否则他会落单的，我努力工作就是为了能给他买东西。”

成人也无法逃脱同伴压力。你可能会觉得，如果不给孩子买一个自己就不是好家长。你可能也记得，自己还是孩子时，也非常想要最新的玩具，而现在，你想满足孩子的这一需求。如果你觉得自己没有给孩子足够时间的陪伴，内疚也会在此时发挥作用。

他的想法：

“我真的真的很需要它。如果我有了，我的朋友们会更想和我玩的。”

由于这个年龄段的孩子已开始形成社会等级，他可能会无意识地认为，这个必须拥有的电子产品将使自己在社交团体中获得一定的地位。他还不具备相关的人生经验去理解：要想获得认同，重要的是他的个人品质，而非他拥有的东西。

如何应对

眼下……

①

询问理由。了解孩子为什么会觉得自己如此需要这个电子产品。谈一谈“需要”和“想要”之间的区别。

②

正确看待他的需求。是否他的所有朋友真如他所说的“人人拥有一个平板电脑”？和别的父母谈一谈，你可能会发现实际情况并非如此。

③

有限度地满足孩子的需求。如果你直接给孩子买平板电脑，他可能会理所当然地认为自己总能得到想要得到的东西。相反，你应该问孩子他是否愿意将他的要求放入“等待名单”，这样就可以看看孩子在数周后是否还这么想要这个东西，或者建议他坚持到他的生日或圣诞节时再买。

④

帮助孩子重视个人特质。向孩子解释，永远不可能买到朋友，其他孩子想和他一起玩的真正原因，是因为和他相处很有趣、他会合作以及在比赛中很公平等，而不是因为他有最新的电子产品。

长期而言……

直面同伴压力。如果你的孩子讲到他朋友的父母允许朋友做了什么事情，那么用“在我们家”来帮助他理解，不同的家庭有不同的价值观和事情的优先项。

“我真没用。”

在这个年龄段，父母都希望孩子开始为自己的行动负起责任。但对于有些孩子来说，如果犯错，他们会误把这个错误当作自己“没用”或“不够好”的证据，这种羞愧感很可能就是自我消极对话的开端。

场景 | 孩子碰倒了桌子上的马克杯，把它摔碎了——这是你最喜欢的马克杯。

他说：

“我真没用。”

孩子正在形成对自己的认知——与别人比较，我是怎样的一个人？在评判别人的同时，他也在评判自己。他因为你难过而感到愧疚和担心。他没有将这一意外当作情有可原的失误，而是启用了灾难性思维方式，对自己说“我什么事情都做不好”。

相关话题

“我做不来。”：第182~183页
“我不够漂亮。”：第242~243页

你可能会想：

“如果他真的对此很抱歉，也许他下次就会小心一点。”

如果马克杯很珍贵，你可能会对孩子的粗心大意感到生气。结果，你的情绪脑区占了上风，你开始数落孩子一直以来都不够细心，使得孩子感觉更糟。有些大人经常使用“令孩子感到羞愧”的教育方式，误认为它是让孩子懂事的最佳方法。

犯错是孩子成长过程中的正常现象，帮助孩子以建设性的方式从中学习，并免受羞愧心理的影响。

他的想法：

“我真是一个笨蛋，我一直都会是一个笨蛋。”

你的孩子不会想“我做了一件蠢事”——他想的是“我真蠢”。羞愧是一种令人痛苦的情绪，而孩子特别容易受到它的伤害，因为无论他们有没有表现出来，他们都希望取悦自己的父母。而如果没有达到父母的期望，他们就会觉得自己辜负了父母。

如何应对

眼下……

①

说“没事的”，并予以倾听。不要把关注点放在摔碎的马克杯上，相反，应该让孩子自己表达出想说的话。向孩子解释，错误是生活的一部分。

②

让孩子善待自己。羞愧的反面是同情。向孩子指出，他不会允许自己的朋友这样说自己的，那他为什么要这么做呢？

③

不要令孩子羞愧。研究发现，通过让孩子感到羞愧来管教孩子，会增加压力激素皮质醇的水平，而这会损害孩子正在发育中的大脑。

长期而言……

帮助孩子发现自我批评的声音。说自己什么事情都做不好，表明孩子心中有关自己的负面想法正在排挤相应的积极想法。而且，这也是孩子感到无力改变的迹象。和孩子解释，他可以与这些想法争辩，让这些想法消失，或者可以想一想自己的长处和所取得的成就，让更好的念头取代它们。

检查是否存在完美主义倾向。有些孩子对自己特别严格，他们内心深处很可能住着一位特别严厉的批评家，而这个批评家不断告诉他必须做到完美。和孩子谈谈他对自己的期望，并向他解释，人永远不可能做到完美无缺。完美主义往往存在于整个家庭。探索你自身是否有完美主义的想法，给孩子示范对于成功和失败的健康态度。

钱的问题

对于孩子来说，钱能让大人去商店拿任何他们想要的东西。他们需要经过许多个发育阶段才能理解钱的概念，但你可以通过做很多事情来引导他们正确地认识钱。

虽然很多父母认为孩子还没必要了解生活中的经济现实，但是研究发现，在孩子还小的时候就让他们养成良好的用钱习惯会更好——事实上，对存钱和花钱的态度到7岁时就定型了。

零花钱也在孩子的心算学习中发挥了重要作用。而且，让孩子不得不管理一定金额的钱，是训练孩子如何控制冲动、学会保持耐心、锻炼意志力以及延迟满足的最好方法之一。孩子会发现，比起把零花钱一次性挥霍在不必要的东西上，攒起零花钱用来购买自己真正想要的东西，会让自己感受更好，这将是孩子学会自我调节的里程碑。而且，现在就练习如何存钱，可以让孩子从小就养成理性的用钱习惯。

“和孩子一起购物，并详细讨论支出决定，这可以训练孩子为将来做好准备。”

1

教给孩子基本的知识

在5岁以前，孩子把硬币看作玩具。为提高他们的理解力，可以和孩子玩商店游戏，谈一谈不同币值的硬币看起来有什么不同。

4

告诉孩子钱从哪里来

年幼的孩子认为钱是免费的，是银行和取款机把钱发给每个人——除非大人告诉他们情况并非如此。帮助孩子理解钱是人们工作赚来的。

6

解释有限财务

年幼的孩子很难理解钱只能用一次。可以给孩子一元钱去买东西，让他了解钱用掉就没有了。

9

零花钱的金额应与年龄相符

孩子在大约6岁时已经足够了解钱的概念，可以获得一定金额的零花钱。之后，可以使用一条简单的经验法则，即零花钱的金额应是孩子年龄的一半。

最佳做法：

十二项关键原则

2

给孩子锻炼的机会

即使是在无现金的社会，孩子也需要通过管钱（硬币和纸币）来了解什么是钱。让孩子练习付钱，这样他会理解买东西是一种交易。

3

让孩子攒钱

研究显示，被大人鼓励着攒钱的孩子，在成年后继续存钱的概率要高得多。把零花钱放到两个罐子里：一个放用来花的钱，一个放要存起来的钱。

5

展示限度

仔细谈一谈你的购物选择，向孩子展示你如何判断这些选择究竟值不值。这样的谈话会向孩子明确一点：你并不能担负你想要的所有东西。

7

解释银行卡支付

在愈加无现金化的世界，向孩子解释，使用银行卡和使用现金一样，都是从银行账户里取走钱。

8

允许孩子犯错误

即使你不同意孩子的消费决定，也要允许孩子犯错误。在小时候花小钱学习，总要比长大后花更多钱买教训要好。

10

不要和家务挂钩

不要让孩子赚零花钱，这会给他传递混乱的信息——即使他做了必须做的事情，也应该给他支付报酬。

11

保持一致

在每周的固定时间，像付薪一样给孩子零花钱，这样他们就能开始管理自己的钱。

12

不要预付零花钱

不要提前支付。如果孩子请求预付，可以收取一定的利息，这样他们就能明白借钱是会产生费用的。

各年龄段的

针对性建议

2～3岁

钱的游戏。可以和孩子玩商店和咖啡馆的游戏，向他展示钱可以换东西。

大小不是一切。这个年龄段的孩子认为一个硬币就可以买所有东西。向他指出，不同的硬币和纸币可购买不同价值的物品。

4～5岁

无处不在的钱。孩子以为每个人都有钱，银行或商店老板会免费给每个人发钱。所以向孩子解释钱是怎么赚来的。

真实体验。让孩子触摸钱，并在商店里付钱，这是教会孩子钱的具体意义的最佳方法之一。

6～7岁

整装待发。现在孩子已能够数数，并理解钱是怎么发挥作用的，所以是时候开始定期给他零花钱了。

存钱的习惯。教导孩子存钱是件好事，在孩子攒钱的时候，表扬他的自控力。帮助他看到玻璃罐里的钱是如何多起来的。

“不要争了！”

大部分父母都会在某个时候当着孩子的面吵起来。在情绪激动时，清晰思考问题并非易事，但你们如何处理这些冲突对于孩子的健康以及他们对情侣相处之道的理解非常关键。

场景 | 在你和伴侣的一次争吵中，孩子朝你们喊叫，要你们不要再争了。

他说：

“不要争了！”

你可能会想：

“我太生气了，我不在乎孩子有没有看到。”

你的孩子可能并不知道原因，但他仍会留意到冲突。研究显示，即使是年幼的婴儿，在听到父母生气、喊叫时，他们的血压和应激激素水平也会升高。孩子什么事情都依赖父母，所以，对他而言，这就像一场地震。

直觉上，你知道孩子看到你们争吵会很难过，但由于你的大脑现在处于“原始模式”——即“战斗还是逃跑”的反射性脑区占据了优势，压倒了你的理性思维，所以你无法控制自己。

应该和你的伴侣站在同一阵线上，把争吵看作需要解决的问题，而不是要赢得的比赛。

他的想法：

“如果他们分手了，我会怎么样？”

你的孩子认为情侣关系中的大人应始终都彼此相爱，所以，当他听到你们彼此恶言相向时，会以为你们要分开了。孩子往往认为这个世界是围着他转的，所以很可能会认为吵架是因他而起的。

相关话题
“但妈妈说我可以的。”：第186～187页
“我真想有个不同的家。”：第194～195页

如何应对

眼下……

①

让自己冷静下来。争吵时始终会存在两个问题：情绪失控和真正的问题是什么，要在自己的反射性“低级脑区”控制自己时发现这一点，避免让孩子目睹你情绪失控。向孩子表明你正在冷静下来，说爸爸妈妈稍后将再一次讨论问题。

②

让孩子放心。孩子最想要的是安全感，所以告诉他，争吵并不意味着你们彼此不相爱了。承认争执，并向孩子明确一点——这不是他的错，即使你们在争论有关他的事情。你可以说：“爸爸和我两个人相互生彼此的气了。现在我们正在解决这件事情。”

③

利用冲突对孩子进行情绪教育。如果孩子看到你们和好并继续向前，他们就会知道：即使是幸福的夫妻也会吵架；生气是正常的情绪；表达生气的情绪没有任何问题；还有一点，良好的沟通能够解决纠纷。

长期而言……

不要让冲突变成暗流。你可能会觉得最好不要将冲突公开化，但使用消极的攻击性策略，如搞冷战，也会让察觉到紧张气氛的孩子更加困惑。

寻找解决差异的方法。如果不断目睹父母争吵，而这些争吵又没有得到解决，孩子很可能会出现焦虑、睡眠障碍、注意力不集中以及难以与同伴相处等问题。在吵架后，将导致吵架的每件事写下来，不要责怪对方，这样你们就能冷静、彻底地讨论矛盾。

“但我不累。”

虽然足够的睡眠对孩子的成长、健康和学习至关重要，但是孩子会用大量精力来抗议上床。如果孩子还有在睡前玩电子游戏的习惯，那这场“战役”就更艰难了。

场景 | 是时候上床睡觉了，孩子却玩着电子游戏不肯停下来。

睡觉对发育的重要性不亚于健康饮食和锻炼。

他说：

“但我不累。”

在这个年龄段，孩子可能觉得自己已经不小了，所以应该有权晚点再睡。随着同伴压力开始增加，他们可能会相互夸耀自己被允许多晚睡觉。孩子可能会想让你相信：和他的小伙伴相比，你太早让他上床睡觉了，这有失公平。

相关话题

“这不公平！”：第180～181页

“你从不让我做任何事情。”：第238～239页

你可能会想：

"漫长的一天后，我真不想这样。而且，他明天早上起来又会闹脾气。"

他的想法：

"我现在是个大孩子了，游戏可比上床睡觉有趣多了。"

你可能会害怕即将到来的争吵，因为电子游戏提供的即时满足会导致孩子很难自动放弃游戏。对于他会睡不好觉、明天醒来时脾气会更糟这一点，也很可能被你说中了。

电子产品发出的蓝光会干扰促进睡眠的激素的产生，所以你的孩子可能真的没有睡意。快速移动的画面也会加快孩子大脑的转动，所以他会很难过渡到睡觉状态。

如何应对

眼下……

①

倒计时。保持冷静，提前5分钟提醒孩子，这样他就能够结束游戏，准备好做出改变。电子游戏会过度刺激他的大脑，所以如果你发脾气，他的反应也会更大。

②

留出一起相处的时间。虽然一开始孩子会抗议，但孩子最想要的还是和你一对一相处的时间。将远离电子屏幕的时间当作奖励，而非惩罚。

长期而言……

在傍晚时间玩电子产品。确保孩子在睡觉前至少1小时内不玩电子产品，这样他的睡眠激素才能释放并发挥作用。重新引入洗澡和睡前讲故事的习惯——如果你们已经不再坚持这些习惯。

重新设定睡觉时间。在孩子逐渐长大，并在放学后有更多事情要做以后，孩子上床睡觉的惯例会被弄得支离破碎，孩子的情绪、注意力和功课都可能会受到不利的影响。从孩子起床时间往后数10小时，重新设定孩子的上床时间，然后遵守该时间。

帮助孩子了解睡觉的好处。向孩子指出，当他睡个好觉后，他的感觉会好得多，这样孩子就能自己看出关联。在情绪平和的时间，多和孩子说一说你的理由，这样孩子就能够了解这是为了他好。

“我无聊了。”

孩子通常总是迸发着热情，所以当孩子说他无聊时，你可能会担心自己没有给孩子提供足够的刺激性活动。但有时候需要让孩子自行其是，这样他们才能学会自己做主。

场景 | 你的孩子说没事可做，他对自己的所有玩具或游戏都不感兴趣。

他说：

“我无聊了。”

你可能会想：

“他已经有那么多东西了，我是不是每秒钟都得给他提供娱乐项目？”

无聊有时候是件好事——这标志着你的孩子已经有自由时间来做自己想做的任何事情。说“我无聊了”这句笼统的话时，孩子也可能是在表示其他意思——要提起一个困扰他们的话题；感到无趣但不知道为什么，或者想获得关注。

很多父母都会陷入误区，认为自己必须一直用各种活动“塑造”孩子的大脑。但研究显示，无事可做可以刺激孩子的思维，并促进创造力的发展。不要为孩子抱怨无聊而感到内疚。

学会如何打败无聊，是一项非常重要的生活技能。孩子需要投入精力和练习才能弄清楚自己一个人时该干什么。

他的想法：

“又不上学，又没有电子产品可以看，只能和自己玩。我现在应该做什么呢？”

有时候，孩子会在找东西以让自己的大脑有事可做，或不确定接下去该干什么时抱怨无聊。随着时间的推移，孩子会变得更擅长在没有大人指引的情况下想出该干什么，而这么做会让孩子更了解自己。

相关话题

“家庭作业真烦人。”：第202～203页
课外活动：第244～245页

如何应对

眼下……

①

承认孩子的感受。倾听并告诉孩子你知道这是什么感受。告诉他，虽然他可能对无聊的感觉有点陌生和不舒服，但是当他听从自己的大脑指引他找到新的活动时，这种感觉很快就会过去。

②

不要为孩子想出每一种解决方案。如果孩子有各种常见的方案可供选择，比如玩具、书、手工材料和到外面玩，那“解决”无聊就不是你的任务，让孩子自己想办法。

③

挑战孩子。可以建议孩子列出自己所有玩具的清单，这样他就能记起自己有哪些玩具，或“挖”出一些旧的玩具，或创造一些新的，然后展示给你看。这会引导孩子自己去探索活动，但同时也要向他保证，他有一个非常感兴趣的观众。表扬孩子的努力。

长期而言……

不要内疚。孩子觉得“无事可做”并非你的失职，相反，可以将之看作孩子做白日梦、减压、自由放纵想象力的机会。

留出更多自由游戏的时间。研究显示，等上学有了课外活动后，孩子的无组织自由时间会变少很多。这会导致孩子在真的有自由时间的时候感到茫然。给孩子更多的自由时间，这样他就会培养出能够娱乐自己的爱好和项目。

“我不如他们好。”

孩子刚开始在学校“正式”上课，对于父母来说，听到孩子说跟不上学习进度实在令人忧心。而如果父母反应恰当，孩子就可以保持强大的自我信念，继续维持学习的动力。

场景 | 孩子说他坐在一张黄色桌子旁，旁边坐的全是觉得数学很难的同学。

他说：

“我不如他们好。”

你可能会想：

“他太不自信了。我是否应该给他找位辅导老师？”

现在你的孩子已经上学了，围绕在他身边的是一个班的孩子，他开始知道别人有不同的专长，并会拿自己和别人比较。虽然你听到这些觉得很痛心，但是孩子的自我评价会在其成长发育过程中自然而然地出现。这个时候，为孩子的自我信念提供支持，变得前所未有地重要。

听到孩子说他觉得自己技能不足时，你很容易慌起来。你可能会担心，如果孩子现在就开始费力才能跟上学习进度，那他可能会一直保持这种状态；如果不帮他“解决”这个问题，他就会丧失信心，不愿意再尝试。

相关话题

“我不想去上学。”：第196～197页
“我不够漂亮。”：第242～243页

向孩子解释，最好是与自己竞争，而不是与别人比较，因为这样他就会取得进步，并一直获胜。

他的想法：

“我现在数学不好，所以以后也决不会好了。”

这个年龄段孩子的想法常常是“一直”“决不”。所以，你的孩子可能会产生这样的想法：因为我现在数学不好，所以以后也决不会好了。他可能还会（以消极自我对话的方式）内化这一信息，导致这一念头不断地从脑海里冒出来，而这又会让他在真正面对数学问题时更难清晰地去思考。

如何应对

眼下……

①

予以倾听并承认。虽然你可能忍不住想说“不要傻了，你很聪明”，但你最好承认而非否定孩子的感受。不过，你也应该向他解释，每个孩子的学习速度并不相同，但大家最终都会掌握相同的技能。

②

做到暖心和善解人意。请忍住想做“虎妈/虎爸”的冲动。应该加强孩子“相信他自己可以成为一名有效学习者”的信念，这样才能更好地支持孩子，而采取措施提高孩子的学业成绩，可能只会加重孩子的焦虑。

③

避免强化信息。你可能想分享自己以前的经历，告诉孩子你上学时数学成绩也不好，想用这样的方式来安慰孩子。但这会给孩子传达他注定很难学好数学的暗示。相反，你应该讲述自己如何努力学习、获得进步的经历。

长期而言……

表扬努力。在看到孩子做数学家庭作业时，表扬孩子付出的努力。

锻炼其他才能。可以提醒孩子，在与学习无关的方面，还有很多种“展示聪明”的形式。

“我有男朋友了。”

随着孩子愈加意识到男孩和女孩之间的区别，他们会变得更愿意与同性朋友一起玩。但是，如果他们有了一个异性的朋友，有些孩子会模仿大人，称彼此为“男朋友”或“女朋友”。

场景 | 孩子回家时带回了一张同班男生送给她的卡片，上面写着：致我的女朋友。

她说：

“我有男朋友了。”

你可能会想：

“她太小了，还不能交男朋友。她这些想法是从哪里来的？”

孩子所说的男朋友，极有可能是指一个男孩朋友，并非指对自己有性吸引力的人。但由于他们把彼此贴上“男朋友”或“女朋友”的标签，他们可能会拥抱或亲吻彼此的脸颊。

孩子看起来好像谈恋爱了，你可能会为此感到震惊。但在这个年龄段，孩子只是在玩角色扮演游戏，模仿他们在这个世界上看到的大人的各种行为。由于孩子已经达到了新的发育阶段，能够角色扮演她未曾经历过的场景，所以，她甚至会说“我们已经结婚了”。

平等地看待孩子的所有关系。向她解释，朋友就是朋友，不论他们的性别是什么。

她的想法：

"他是个男孩子，他也是我的朋友，所以，他不就是我的男朋友吗？"

你的孩子正在探索社会"规则"的运行方式，她很可能会在不经意间听到大人谈论"男朋友"和"女朋友"。或者，她可能正在形成更为极端化的性别观念，认为自己需要一个男朋友才能成为一名真正的女性。而大部分孩子对于和异性玩耍并不会想太多，大人的反应反而让他们对这件事情更加在意。

相关话题

"他们对我很不好。"：第192～193页
"他是我最好的朋友。"：第198～199页

如何应对

眼下……

①

询问孩子的意思。确定孩子在说"男朋友"时，到底在指什么。这可能是她一厢情愿的想法，另一个孩子可能并不知道自己被她称为"男朋友"。

②

解释区别。告诉孩子，朋友是个男孩子，和"男朋友"是不一样的概念。向她解释，年龄更大些的人之间才会有真正意义上的男女朋友关系。

③

不要详述。请忍住不要和孩子说，有一个男朋友是一件多么令人愉快的事情，也应该避免使用成人的语言描述这一友谊，或取笑孩子、询问进展，从而夸大这一关系的重要性。

长期而言……

约好一起玩。如果孩子和她的"男朋友"看起来的确是朋友，可以和对方父母约好，让两个人一起玩。这样你很快就能看到两个人是怎么在一起玩的了。

鼓励各种友谊。在这个年龄段，孩子已经愈加意识到自己在同伴群体中的地位。孩子可能会觉得，有必要说"自己有个男朋友"来让别人印象深刻，让自己看起来"特别"，或让别人觉得自己在社交方面更成熟。如果在你看来，孩子是想提高自己的地位，可以帮助孩子用其他方式建立自我价值感，帮助她扩大朋友圈。

“我再也不玩了！”

父母通常会很高兴看到自己的孩子开始显露出竞争精神。虽然你可能希望孩子能够坚守住自己的阵地，并为实现目标而努力奋斗，但是求胜心太强可能会损害孩子的社会关系。

场景 | 你的孩子和朋友玩纸牌游戏，在快要输的时候，他说再也不想和这个朋友玩了。

他说：

“我再也不玩了！”

在4岁之前，孩子会很愿意相互合作着玩，同时帮助彼此。但随着他们的社交群体变大，他们开始比较自己与他人的能力，进而出现更加公开化的竞争行为。

你可能会想：

“他应该学会竞争。但如果他输不起，没人会想和他玩的。”

你可能认为你的孩子需要以一种“胜者为王”的竞争态度来取得成功，但他仍然需要学会遵守规则，忍受挫败感，压抑攻击的本能。

孩子可能没有意识到，有时候，输掉一场比赛要比失去一个朋友好。

相关话题

“没人喜欢我。”：第190~191页
“我是最棒的。”：第204~205页

他的想法：

“输了就不好玩了。为了赢，我会做任何事情。”

孩子现阶段正在努力确定自己在社会阶层中的位置。如果他是支配型人格，他可能想当胜利者，认为胜利是提升层次和让别人印象深刻的唯一方法。他可能还不知道，自己想表现的强烈欲望，必须与合作的意愿达成平衡。

如何应对

眼下……

①

谈论如何应对“输”。告诉孩子，没有人能够一直赢，下次的结果可能会不一样。如果孩子因为输而情绪崩溃，你可以说：“我理解你很难过，但这只是一场比赛，你应该控制自己的沮丧情绪。”

②

强调团队合作。合作和相互尊重，与赢的欲望一样重要。你可以问孩子：“你怎样才能改变自己的玩法，让每个人都觉得有趣？”

③

讨论良好的体育精神。向孩子解释，即使会输，他也应该公平地玩，否则别人就不想再和他玩了。可以给孩子举例说明，职业运动员是如何做到输得体面、有风度的。

长期而言……

检查你传达的信息。你是否传达了这样的思想：这个世界是残酷的，你的孩子必须不惜一切代价去获胜？请警惕自己所传达的信息。

练习与更大的孩子比赛。鼓励孩子和那些能够示范良好行为的更大一些的孩子玩棋盘游戏，向孩子展示，即便不是每次都赢，他也可以享受游戏。

数字世界

如今的孩子是数字世界的“土著民”。随着技术的使用变得愈加普遍，孩子已经更早地开始使用各种电子设备和互联网。重要的一点是，在所有年龄段，父母都应该“教授”孩子精通技术。

虽然很多孩子对互联网的使用颇为自信，但是他们对这个世界的了解其实并不充分，未能足够了解所有的风险。这就是你的意见和支持对于孩子至关重要的原因。

看到潜力

并非所有电子屏幕时间都是天生平等的，你可能在被动地观看、积极参与，通过视频或消息在沟通或在创造。所以，可以将技术视为一种额外的资源——观赏自然世界的纪录片，一起玩App，在固定时间与爷爷奶奶/外公外婆保持联系，还可以从中获取关于家庭作业的辅导。

确保上网不会占用其他的活动时间，如读书、画画或在户外玩耍。而且，你需要管理孩子对数字产品的使用，因为他天生会被新奇的东西所吸引，还无法进行自我控制。

“依据年龄特点，帮助孩子学会如何安全、恰当地使用互联网。”

1 限制电子屏幕时间

研究显示，对于2～5岁的孩子来说，一天中看电子屏幕、玩高质量App或游戏的时间，最好不要超过1小时。

4 安全搜索

将你同意孩子访问的网站和对孩子来说安全的搜索引擎添加到收藏夹中，让孩子的搜索结果与他的年龄相符。

6 将技术用在好地方

和你的孩子一起学习、创造和建立联结，而不是被动地娱乐孩子。

9 对手机说“不”

手机是强大的微型计算机。虽然孩子可能会向你索要手机，但是给予他们这种权利还为时过早，可以等到孩子十几岁时再说。

最佳做法：

十二项关键原则

2
树立好榜样

留出与孩子相处的时间，在此期间不要使用手机，在数字产品的使用方面树立一个好榜样。

3
安排无电子屏幕时间

让吃饭时间、回家时间和外出的日子免于技术的侵扰，这样，这些设备就不会打扰到家人的相处时间。如果全家都遵守这个约定，孩子也不会有问题。

5
买一个闹钟

如果把平板电脑带到房间里，孩子可能就会忍不住在本该睡觉的时候使用。可以设置“数字产品日落时间”，即在上床前1小时不再使用平板电脑，避免数字产品光线干扰睡眠。

7
让技术变得可见

把数字设备放在公共区域，如厨房，这样你可以看到孩子是怎么使用互联网并分享自己的发现的。

8
保持对话

让孩子知道，你一直在了解网络世界。问问孩子，他今天在网上看到了什么，或者玩了什么游戏，与孩子交流数字产品使用体验。

10
知道何时该放下电子设备

告诉孩子，如果他看到任何令他感到难过或焦虑的东西，就关掉平板电脑，或把平板电脑翻过来盖住屏幕，然后告诉大人。

11
遵守年龄限制

很多社交媒体网站的最低年龄限制是13岁。在这之前给孩子开放权限，就意味着他可能会接触到他并没有准备好接触的东西。

12
拒绝“电子保姆”

绝不要在睡前把孩子交给电子设备。和你一起读个故事，这样既能促进孩子语言和社交能力的发展，又能让孩子感到受重视。

各年龄段的

针对性建议

2~3岁

由你决定。年幼的孩子深受数字设备的吸引，但即使你决定在晚一些时候再引入数字设备，孩子也不会“落后”。

短时间的积极互动。如果你希望孩子使用数字设备进行探索，就和孩子一起进行。你们可以看照片或视频，找一些适合该年龄段并能让孩子积极参与的App。将每次的使用时间控制在半小时之内。

4~5岁

奖励无电子屏幕时间。告诉孩子，你非常喜欢玩能够直接与别人互动的游戏，如纸牌配对游戏和蛇梯棋，而不是让电子屏幕挡在你们中间。

家庭作业帮手。这个年龄段的孩子在上学时基本上每天都会用到电脑，所以你应该做好准备，让孩子在家做功课时也能使用电脑设备。

6~7岁

隐私是最重要的。向孩子解释，绝对不能在网络上泄露个人信息或分享私人照片。

介绍整体情况。孩子并不知道网站会跟踪他们的网络使用情况，并利用这一信息来向他们投放广告，向孩子解释这一网络机制。

“小孩是从哪里来的？”

在这个年龄段，孩子开始从朋友那里听说大人是如何把小孩“造”出来的。所以你应该做好准备，在恰当的时间，以敏感的、适合孩子年龄的方式解释“性”，避免让孩子产生不必要的困惑或担心。

场景 | 孩子从朋友那里听说了爸爸妈妈是如何创造小孩的，他想知道这是不是真的。

他说：

“小孩是从哪里来的？”

这个年龄段的孩子对自己在这个世界中所处的位置很好奇，他们很想知道自己是怎么来的。如果他们没有得到事情的真相，就会启动“魔法思维”。也就是说，他们会编个故事来解释自己还未理解的事情。例如，他们想象出来的情景可能是，当有人想要小孩时，就会去医院申请一个。

你可能会想：

“他还太小了，不需要知道这么成人化的事情。但我不想编瞎话。”

你想使用恰当的词语向孩子解释，又不想吓到孩子，所以你很可能会有点紧张。你也可能因为要向孩子展示自己私密的一面而感到不自在，并会因为孩子想弄明白你是怎么怀孕的而感到尴尬。

相关话题

“什么是陌生人？”：第232~233页
“我的日记——不准看！”：第234~235页

他的想法：

“我听到其他小孩说，是爸爸把他的‘鸡鸡’放到了妈妈的身体里来生小孩的，但这不可能是真的。”

孩子现在已经更加了解男孩和女孩之间的差异。他听到的说法对他来说比较怪异，甚至可能会让他觉得恶心。他可能是在寻求安心，以确保事实并非听起来那么奇怪。但在这个阶段，他也仅能够理解关于生育原理的简单介绍。

如何应对

眼下……

①

问问孩子他知道多少。问问孩子，他认为小孩是从哪里来的。在了解孩子的认知水平后，你就能够用恰当的词汇做出回应，并消除任何误解。

②

介绍基本知识。使用让你感到自在且直截了当的语言。例如，你可以说：“一种特殊的种子，也就是精子，从爸爸的‘鸡鸡’里出来，然后游进了妈妈的阴道里面，找到了卵子。当它们相遇后，一个小宝宝就开始生长了。”

③

在恰当的时间停住。如果孩子的反应是大笑，你可以一起笑着说，这是大人有时候为感受亲密和表达爱而做的事情。如果孩子没有更多问题出现，你就此打住。这意味着孩子已经获得了足够的信息，他需要时间来消化。

长期而言……

保持对话。随着孩子不断长大，这个话题自然会再次出现，这样你就可以加入更多背景知识，比如，性对于彼此相爱的成人而言，是一件美好的事情。你可以说，这听起来有些令人困惑，但要向孩子保证，他长大后就会明白这一点了。

利用其他资源。如果你觉得很难找到合适的语言来表达，可以使用由专家专门撰写的儿童性教育类书籍来引导与孩子的对话和讨论。

“我必须得学习音乐吗？”

音乐课通常被父母视为可以给孩子最好的礼物之一。研究显示，演奏乐器有益于孩子的协调能力、社交能力以及情绪的发展。而问题就在于，如何将其完全融入家庭生活。

场景 | 你的孩子说他讨厌练钢琴，并抱怨为什么必须去上音乐课。

他说：

“我必须得学习音乐吗？”

你可能会想：

“这就是一个充满竞争的世界。他从小就需要有专长或优势。”

一方面，在学校度过漫长的一天后，对于想在放学和做完家庭作业后休息一下的孩子来说，学习音乐看起来实在会耗费很多精力；另一方面，出于更全局性的考虑，父母往往将学习一门乐器和自律当作一种很好的训练，但父母态度的差异会导致你与孩子之间产生冲突。

相关话题

“这不公平！”：第180~181页
“家庭作业真烦人。”：第202~203页

你可能会认为，如果孩子从小练习得足够多，他就能成为音乐神童——或者在长大后拿到音乐奖学金。虽然能够提供这样的机会很好，但是你需要现实一点。如果孩子学习的动力只源于你，那学习最后只会变成一场权力之争。

他的想法：

“看来我永远没时间待在家里做自己想做的事情了。”

孩子往往精力旺盛，但他们也需要有休息和自由游戏的时间。你的孩子可能会抱怨，因为他觉得想弹钢琴的人是你，而不是他。如果音乐并非他的“天生兴趣点”，他可能更想参加与自己的性情相符的活动。

如何应对

眼下……

①

鼓励孩子。始终当一名热心的听众，无论孩子一开始练习乐器时的声音有多么刺耳。如果孩子觉得自己被批评，就会对练习产生不自在感。

②

表扬孩子的坚持。一起听孩子正在练习的曲子的录音，不管曲子有多么简单。这样孩子就会有学习的动力，会知道曲子听起来应该是怎样的。和孩子谈论他每一天的练习是如何让他一点点接近成功，直至最终能够弹奏出这么美妙的音乐的。

长期而言……

控制练习时间。把孩子的乐器放在家里的公共区域，这样就不会导致像在自己房间练习一样让他感到孤单。每天练习短短的10分钟，要比偶尔练半小时效果更好。

一起加入。把音乐练习当作和孩子一起享受乐趣的建立纽带的时间。可以加入一些音乐游戏，如孩子选曲子时，可以进行抽奖游戏，或者在孩子每次练习时，在他演奏的曲子下方贴上奖励贴纸。

灵活变通。孩子可能从钢琴开始练起，然后又想换到练习吉他，因为这样他就能够和朋友们一起弹奏更多他喜欢的曲子。这不算半途而废，因为之前练钢琴的过程增强了他的协调能力和音乐理解力。

“什么是陌生人？”

孩子在婴儿时期摇摇晃晃学走路时，总是和你或其他受信任的大人在一起。这个阶段，他正变得更加独立，并开始探索更广阔的世界，而你可能会担心他的安全问题。应该教给孩子必需的技能，以进一步保障他的安全。

场景 | 在去海边玩时，孩子问，他能不能去买一个冰激凌。你告诉他，不要跟陌生人走。

他说：

“什么是陌生人？”

因为孩子身边始终都围绕着在他看来是在照顾他的人，他很可能会认为所有大人都是安全的。所以，听到你说有些大人可能不会把他的最大利益放在心上时，他可能会感到既震惊又困惑。

你可能会想：

“我不想让他担心，但如果发生什么事，怎么办？”

作为父母，你的第一直觉是保护孩子，但即便只是想一想诱拐这件事，你也会产生强烈的焦虑情绪。你还害怕孩子问，如果陌生人拐走了小孩，会发生什么。你不知道如何在不伤害孩子童真的情况下跟他解释清楚这件事。

随着孩子变得更加独立，你需要在保证他的安全和让他探索世界二者之间找到一个平衡点。

他的想法：

"为什么陌生人想伤害我？我怎么知道他们是谁？"

你的孩子对"邪恶"这个词只有抽象的概念，像一个假想的怪物——体现的是他对未知的一般性恐惧，而给"邪恶"赋予人的形象，会让他感到不安。孩子无法和大人一样进行理性思考，所以你应该正确看待他的焦虑，这很重要。

相关话题

"小孩是从哪里来的？"：第228～229页
"我想要一部手机。"：第240～241页

如何应对

眼下……

①

简单地进行解释。不要和孩子讨论邪恶的"坏人"以及他们会做什么，相反，应该向孩子解释，虽然他们不认识的大部分人是好人，但有些不是，他们并不想保护儿童的安全。

②

避免说"不要和陌生人说话"。孩子需要知道，自己和商店里的人或一起乘坐公共交通工具的人说话，或向他们寻求帮助是没事的。应该建议他们留心让自己感到不舒服的行为，比如，一个比他们大得多的孩子、青少年或大人，向他们而不是向别的大人求助。教会孩子警惕"天哪"这种好像要有麻烦事发生的感觉，并在担心自己是否有礼貌之前听从这种预感，即使是和别的孩子在一起时。

长期而言……

教导孩子。和孩子一起出去时，可以玩"如果……会怎么样"的问问题游戏，问孩子在不同情况下他会怎么做，比如："如果在大商场里走丢了，你会怎么样？"

告诉孩子要求助大人。这个年龄段的孩子可能弄不清楚陌生人的概念，不明白为什么有些陌生人看起来也很友善、充满魅力。有不认识的人让他们做一些事情时，让孩子一定先与你或照看他们的人核实一下。

正确看待。不要让你的焦虑阻碍孩子对更广阔世界的探索。毕竟，被陌生人拐走还是很少见的事情。同样应该优先进行的是，教会孩子其他的安全技能，如游泳、过马路或安全上网。

“我的日记——不准看！”

随着孩子开始更了解自己的想法和感受，他可能会开始写日记，表达那些自己想保密的事情。虽然你可能很想看孩子的日记，但最好尊重孩子的隐私。

场景 | 你在整理孩子的房间，看到他床边有一个笔记本，上面写着“我的日记——不准看！”

他说：

“我的日记——不准看！”

你可能会想：

“他为什么不能把所有事情都告诉我？他还信任我吗？”

在这个年龄段，孩子可能正在经历比以前更多的矛盾情感。将它们付诸笔端，他就能将这些情感进行外化、整理和分析，从而让自己感觉更好。这个年龄段的孩子有着神奇的思维——他觉得自己写了“不准看”，就能阻止你看他的日记。

孩子现在正在获知一个事实，那就是他可以自己选择去分享什么。你可能会担心孩子是否隐瞒了什么事情，或者他不再信任你了，但在孩子继续长大的旅途中，必然会出现一个走向独立的过程，而写日记只是其中的一种表现。

你的孩子开始了解一个事实：他的想法和他告诉你与其他人的内容之间存在着界线。

他的想法：

“我不想把每件事都告诉爸爸妈妈，我喜欢保留一些别人不知道的想法。”

日记是孩子表达自己感情的安全之地——包括那些让人不太舒服，且大人通常不太赞同的情绪，如仇恨或妒忌等。在这个年龄段，孩子的写作技能和记忆能力已经有了较大的进步，所以他会为自己现在能够创造一个可以自由地说话，并且没有大人审查的私人空间而感到兴奋不已。

相关话题

“我恨你！”：第184～185页
“你会让我丢脸的。”：第206～207页

如何应对

眼下……

①

不要看日记。如果孩子发现你已经看了他的日记，你就有可能会失去他的信任。无论如何，孩子的日记极有可能就是对他当天经历的事情的复述。

②

欢迎这一变化。不要把日记看作孩子在排斥你。请为孩子能够了解自己的想法并将它们写出来这一事实而感到高兴。研究发现，坚持写日记可以减轻压力、改善健康。

长期而言……

谈论好的秘密和不好的秘密。向孩子解释，不好的秘密会让他感到伤心、担忧或害怕，而好的秘密，如惊喜派对或礼物，会让他感到激动。强调一点，如果他有不好的秘密，他就需要和大人谈一谈。

保持联系。如果你感到与孩子的生活失去了联系，应该和孩子重新建立纽带，而不是通过看他的日记来弥补空缺。选择中性的场所进行交谈，如在车里或上下学路上。让孩子知道，只要他想交谈，你一直都在那里。

重视所有情绪。不要仅仅因为仇恨或妒忌等情绪会让你不舒服，就不赞同这些情绪。如果你这样做了，孩子会觉得他无法自由地向你表达自己。向孩子解释，重点在于他怎么处理这些情绪。

“你为什么必须去工作？”

从生物学角度讲，孩子天生就想待在父母身边，所以在工作导致你暂时离开孩子，或占用你和孩子的相处时间时，他可能会产生抱怨。你可能无法选择自己的工作量，但你可以控制它对你家庭生活的影响。

场景 | 你必须赶早班车去上班，无法送孩子上学。

他说：

“你为什么必须去工作？”

你可能会想：

“我是不是把事情的优先顺序弄错了？”

这个问题表明孩子已经开始将你的工作看作对你们相处时间的威胁。他也可能会不喜欢你的工作——如果他注意到工作让你压力很大、心不在焉，或者，这表明你有时候无法出席孩子的重要活动，如学校集会。

听到孩子这么说，可能会导致你百感交集。你可能会担心自己陪孩子的时间不够而伤害了他，又或者担心自己在他的童年中缺席。即便如此，你也可能觉得自己需要通过工作才能获得自尊，以保障你们的未来。

请想方设法留出与家人相处的时间，让孩子知道他是你的最优先“事项”。

他的想法：

“也许，比起我，妈妈更爱工作？”

孩子以为成人对所有事情都有选择权，所以他把你的工作看作你选择的不和他一起做的事情。这个年龄段的孩子刚开始理解你需要工作来赚取生活所需的钱。因此，孩子可能会把你选择工作视为对他的一种拒绝。

如何应对

眼下……

①

予以理解。虽然孩子提出的问题可能会触发你的内疚情绪，但请记住，他说这些并不是为了让你不好受。孩子往往以为这个世界是围绕他转的，所以他自然而然地想让你做出保证：你爱他胜过任何事情。

②

详细谈论你的感受。向孩子解释，虽然工作永远不会比他更重要，但你也需要做一些有意义的事情以及新认识一些人，就像他在学校里一样。告诉他，工作能够让你赚钱，而这意味着你能够抚养他。还要告诉他，你们不在一起时，你总是想着他。

③

帮助孩子理解你的工作。可以谈一谈不同的工作，将它们与孩子的生活经历相关联。比如，可以说一说他们学校的老师和餐饮服务人员是如何在他上学时给予他帮助的。

长期而言……

检查你的优先事项。利用这一机会多思考一下工作对家庭生活的影响。如果你觉得工作影响到了你和孩子的相处，可以专门规划出你们的相处时间，比如，在孩子睡觉后再处理工作邮件。

保持警觉。回家时，想象自己已经忘掉一天的工作，开始接受自己作为父母的角色。增加更多一对一的相处时间，并利用大部分周末以及节假日时间，向孩子展示你是多么喜欢和他在一起。

相关话题
“我必须得告诉你一些事情！”：第178～179页
“我不想去上学。”：第196～197页

“你从不让我做任何事情。”

在这个年龄段，你的孩子可能想要自己尝试一些新鲜的事情，以获得长大的感觉和对群体的归属感。这一新获得的独立性，会给作为父母的你带来很多不同甚至是矛盾的感受。

场景

放学后，孩子说他的新朋友邀请自己去他家留宿，但你却说“不可以”。

他说：

“你从不让我做任何事情。”

你可能会想：

“他还那么小。我只是想保护他的安全。”

孩子正愈加意识到自己在这个世界中的位置。他想和自己的同伴一起度过更多的时间，并拥有更多的自由。在外留宿是一件令孩子激动不已的新鲜事，他非常想和自己的新朋友一起完成这件事，并因此而感到自己已经长大。

作为父母，你习惯于完全掌控孩子的生存环境，时刻谨记安全问题。所以，让另一个你不认识的成年人来负责，会让你感到不习惯和担心。说“不可以”可能已经缓解了你的焦虑。

“如果我们试图阻碍孩子变得独立，他们就永远学不会权衡风险。”

他的想法：

“我的所有朋友都去参加留宿聚会了，除了我。我已经不是一个小宝宝了。”

孩子可能会认为其他孩子的爸爸妈妈更宽容，或者他是为了让你怀疑自己才这么说的。虽然他也对在外过夜感到紧张，但他不想在同伴面前表现出孩子气。虽然他听了你的话后看上去非常愤怒，但如果父母能够设定公平、周全的界线，孩子会感到更安全。

如何应对

眼下……

①

检查自己说“不可以”的原因。作为父母，你可能对是否该让孩子更加独立的认识存在盲区。应该根据你所了解的信息，而非你害怕的事情来做决定。如果你觉得自己说“不可以”几乎是对孩子的请求的条件反射，你可能得重新思考一下是否是时候该给孩子更多的自由了。

②

申明界线。向孩子明确一点，虽然你很高兴他已自信到敢在外过夜了，而且你也希望他玩得高兴，但父母之间需要先约定好所有的安排。

③

解释你的决定。将自己定位为会考虑孩子所有请求的权威型父母。你仍然可以说“不可以”，但如果你能解释原因，对孩子的情绪和社交发展都会很有好处。

长期而言……

结识别的父母。非洲有句谚语提醒得很对：“养育一个孩子，需要全村人一起努力。”如果你有意识地去结交孩子同学的父母，你将能够以更从容的姿态让孩子在外面发展。

警惕“直升机”式家长。要忍住，除了在必要时予以提醒，不要对孩子的生活监控太多。如果你太过焦虑，孩子会认为自己无能，觉得有很多需要你担心的事情。

相关话题

“这不公平！”：第180～181页
“我真想有个不同的家。”：第194～195页

“我想要一部手机。”

即使大部分父母在孩子十几岁时才会给他们手机用，但这也无法阻止孩子要求你给他买一个，因为他觉得这能够让他的同伴印象深刻，或能让他持续不断地玩手机。

场景 | 孩子说，他非常希望他的生日礼物是一部手机。

他说：

“我想要一部手机。”

你可能会想：

“也许我应该给他一部手机，这有助于保护他的安全。”

对于孩子来说，手机看起来就像一款终极玩具。他希望用手机来玩游戏、拍照和发送信息，就像大人一样。但他还不够成熟，无法认识到如果手机太过吸引人，会干扰到他健康发育所需要的与真实世界的互动、游戏和体育活动。

你可能忍不住想给孩子一部手机，这样你就能很方便地联系到他，特别是在你和你的父母不住在一起的情况下。你可能还会觉得，如果自己能够给孩子买一个价值较高的电子产品，或者如果这个东西能够让孩子给他的同伴留下深刻的印象，你就是一个好爸爸/妈妈。

在允许手机去吸引孩子、让他脱离真实世界的体验之前，请让孩子享受童年的乐趣和天真。

如何应对

眼下……

①

说“不”。向孩子解释，他必须等到再大一点才能拥有自己的手机，同时向孩子说明原因。告诉孩子，手机并非玩具，手机是一种强大的工具，是可以打开浩瀚的成人世界的微型电脑，他现在还太小，不能进去“冒险”。

②

解释成本。很多孩子都觉得手机是免费的。他们往往认为拥有手机是自己的一项权利，而不是一个需要证明自己已经准备好才能获得的工具。要告诉孩子，手机的价格十分昂贵，他们长得更大一些后才能获得这项特权。

③

询问孩子为什么想要。弄清楚在孩子看来他有了手机后会有什么改变。他是否想要赚取社会公信力？如果是，他可能是在很努力地融入社交圈子。与此同时，帮助孩子找到其他交朋友的方法，可以鼓励他约朋友一起玩，帮助他练习分享和轮流玩等社交技能。

长期而言……

让真实世界更有趣。吸引孩子积极参与真实生活，并指出其中的神奇之处。在孩子的整个童年时期，可以优先安排有趣的家人相处时间，这样，各种电子产品就不会对孩子产生太大的吸引力了。

向孩子示范如何平衡使用手机的时间。如果你也总是拿着手机不放手，表现出“手机才是宇宙中心”的样子，那么孩子也会夸大手机的重要性，认为他没有手机无法生活。

他的想法：

“如果我有了属于自己的手机，我的朋友会认为我很酷。我会觉得自己长大了。”

孩子生活在一个好像人人都在看手机的世界里，所以他想要一部手机是自然而然的事情。而他在同伴中间的声望也变得越来越重要，他想看起来很“酷”的压力已经开始出现，所以他认为有一部手机可以提高自己的地位。

相关话题

“没人喜欢我。”：第190～191页
“但我所有的朋友都有一个。”：第208～209页

“我不够漂亮。”

相比过去，现在的孩子会接触到更多体貌完美的人的形象。在没有大人引导的情况下，如果放任孩子认为自己没有达到社会的理想形象，他们就会觉得自己是失败的。家长可以使用很多方法来“反击”这些信息。

场景 孩子哭了，她说自己没有在电视上看到的那些人那么漂亮。

她说：

“我不够漂亮。”

随着孩子渐渐长大，相比男孩，大人往往会更多地评价女孩的外貌——而对于男孩，大人往往夸奖他们的魄力和力量。这可能导致女孩在成长过程中会认为外貌才是最重要的东西。如果孩子听到你批评她的外貌，她可能就会将这个负面意见内化，然后将它应用到自己身上。

对于孩子是否会更重视自己的品质而非自己的外貌，父母起着关键的作用。

相关话题

“我做不来。”：第182～183页

“我不如他们好。”：第220～221页

你可能会想：

"她很漂亮。她怎么会在这么小的年纪就这么看待自己？"

在听到孩子表达这样的想法时，你往往会有种蒙住了的感觉。你可能会被媒体报道中有关的身体形象，以及孩子如何受它们影响的报道搞得慌乱起来。你还会担心自己说错话，导致孩子陷入超级自我意识的旋涡，过分地在意自己的身体、形象或一言一行。

她的想法：

"为什么我长得不像在电视和网络上看到的模特和流行明星那样呢？"

过去，孩子对人们的长相有更加符合实际的看法，因为她是在观察自己身边的人。而在明星文化无处不在的世界中，孩子缺乏相应的识别能力，不知道这些形象是经过某些操作产生的。

如何应对

眼下……

①

问问孩子为什么。抱抱孩子，并弄清楚她为什么认为自己不够漂亮，以及她是在和谁比较。让孩子说出她喜欢的有关自己身体的三个特征，而且你也要这么做。

②

重视其他品质。描述孩子的独一无二性，谈论一下她的身体可以做到的神奇的事情，而不是她长什么样。应该小心，不要在孩子面前评论你或别人的体型。

长期而言……

谈论健康的身体。向孩子解释，小孩子的身体不应该和大人一样——孩子的体型是不同的，身体的各种特征会随着时间而变得逐渐成熟。

对自己更宽容。应该克制自己，不要在孩子面前评论自己的容貌、谈论节食或称体重。让孩子听到你在表扬自己以及别人的其他品质，如诚实、善良或幽默感。

帮助孩子过滤信息。孩子还不具备相应的生活经验，所以还不能理解明星的形象是不真实的，也不知道这些明星会让他们产生怎样的感受。可以和孩子一起看一本杂志，给她展示模特的照片会经过怎样的修饰。

课外活动

父母自然而然地想让孩子尝试各种活动，这样他们长大后才能成为一个多才多艺的人。课外活动和社团有助于孩子培养自己的才能，并认识兴趣相投的新朋友。

但对孩子来说，拥有一段未作安排的玩乐时间来学习如何解决问题、处理自己的情绪和独立探索世界的运行方式，是一件极为重要的事情。所以，请平衡好课外活动和其他游戏时间、自由时间的关系。

像童子军（不同年龄、不同性别的孩子，有不同的称谓；男孩：6～8岁的“海狸”、8～10岁的“幼崽”；女孩：7～10岁的“布朗宁”）之类的课外活动，也有助于培养孩子重要的生活技能，如团队合作以及探索大自然。每个孩子都应该学会游泳，应该参加由训练有素的人员提供教学的游泳班。

孩子往往对基于自身“天生有灵感”的特定活动更有黏性，也坚持得更久——也就是那些他们天生就感兴趣的事情。留心孩子的才能，利用课外活动进行培养。

当孩子找到能发展成技能的活动时，他们会感到自己更能干，这会增强他们的自我价值感。

1

首先要试一试

对于一项新的课外活动，可以在正式报名之前要求先上体验课，以确定孩子有无表现出兴趣并享受这门课程。

4

忽略“错失”的恐惧

看到其他父母给孩子报名参加某项活动后，你可能会出现“害怕错失”的心理，觉得自己的孩子会错过某些能力的养成。确保你的决定是以孩子的兴趣为依据的。

7

监测自己的压力水平

如果你觉得自己是在急匆匆地从一项活动奔向下一项，且感到不堪重负，你的孩子也有很大的概率已经承受不住了。

9

自己教

对于可以在家里轻松完成的活动，如烹饪、美术和手工，孩子很可能更喜欢和你一起完成，并从中学习。

最佳做法：

十项关键原则

2

进行检查

很多企业都会提供各种以儿童为中心的活动。可以和教师谈一谈，确保他们符合教师资格，并能将享受教学乐趣放在盈利的前面。

3

将活动与孩子进行匹配

孩子每天至少需要1小时的适度锻炼时间，问一下孩子喜欢哪项体育活动。有些孩子更喜欢团队运动，如足球；有些孩子更喜欢个人运动，如跳舞或骑自行车。

5

留心是否有太多的活动迹象

由于害怕让父母失望，有时候孩子不会告诉你自己想放弃某项活动。如果孩子说他想在家待更长时间，或者他看上去总是很累，又或者总是出现肚子疼或头疼的情况，应该考虑一下是否应减少一些活动。

6

灵活变通

随着孩子长大，可以改变他的活动项目。不要担心孩子会缺乏持久力，可以将转换新活动视为孩子在尝试新事物，并且在已经掌握技能的基础上获得了更进一步的机会。

8

思考你的动机

你给孩子报名参加某项活动是因为你认为孩子真的喜欢它吗？或是因为这能够给他带来一定优势？如果是，他可能会感受到压力，并因此而焦虑不安。

10

留出每日的休息时间

各种研究显示，那些未进行安排的游戏可以帮助孩了调节情绪、制订计划和解决问题。应该确保你的孩子每天有不受各种电子屏幕干扰的自由游戏时间。

各年龄段的

针对性建议

2～3岁

一对一相处时间。在这个年龄段，相比于小组活动，大部分孩子会在与父母或照顾者一对一的有趣互动中学到更多，他们可能还无法应对小组活动。和你一起去公园、玩游戏或唱儿歌，与那些经过特别设计的音乐课一样有趣且富有成效。

4～5岁

等孩子适应下来。由于孩子刚刚适应学校的作息习惯，不要在第一个学期参加任何新的兴趣班。

玩是第一位的。孩子可能还在认识同班同学，需要练习分享和轮流玩的技能，所以现在可以优先安排已经约好的“大家一起玩时间”。

6～7岁

体验更多校内乐趣。引导孩子多参加在学校休息时间和午餐时间进行的课外活动，这样它们就不会占用课后的休息时间了。

睡眠是否充足？在这个年龄段，孩子每天需要9～11小时的睡眠。如果孩子经常做作业到比较晚，或超过之前的睡觉时间才上床，那就应该减少活动。

参考书目

24～25 孩子如何学习

B. Hart and T. R. Risley, *Meaningful Differences in the Everyday Experience of Young American Children*, Baltimore, Brookes Publishing, 1995.

26～27 孩子的大脑

M. M. Tanaka-Arakawa et al., "Developmental Changes in the Corpus Callosum from Infancy to Early Adulthood: A Structural Magnetic Resonance Imaging Study", *PLoS One* 10, no. 3 (2015).

Harvard University, "Brain Architecture", *Center on the Developing Child*, [web article], https://developingchild.harvard.edu/science/key-concepts/brain-architecture/, (accessed 2 July 2018).

T. Payne Bryson and D. Siegel, *The Whole-Brain Child: 12 Proven Strategies to Nurture Your Child's Developing Mind*, London, Robinson, 2012.

28～29 里程碑节点：2～3岁

A. S. Dekaban and D. Sadowsky, "Changes in brain weights during the span of human life: relation of brain weights to body heights and body weights", *Annals of Neurology* 4, no. 4 (1978), pp345–356.

E. Hoff, "Language Experience and Language Milestones During Early Childhood", in K. McCartney and D. Phillips, (eds), *Blackwell Handbook of Early Childhood Development*, Blackwell Publishing, 2005, pp233–251.

S. P. Shelov and T. Remer Altmann (eds), Caring for Your Baby and Young Child, 5th ed., Itasca (IL), American Academy of Pediatrics, 2009, cited in American Academy of Pediatrics, "Language Development: 2 Year Olds", *Healthy Children*, [web article], 1 August 2009, https://www.healthychildren.org/English/ages-stages/toddler/Pages/Language-Development-2-Year-Olds.aspx, (accessed 2 July 2018).

32～33 里程碑节点：6～7岁

V. S. Caviness Jr et al., "The human brain age 7-11 years: a volumetric analysis based on magnetic resonance images", *Cerebral Cortex* 6, no. 5 (1996), pp726–736.

J. Piaget, *The Essential Piaget*, H. E. Gruber and J. J. Vonèche (eds), New York, Basic Books, 1977.

36～37 这是我的！

S. F. Warren, A. Rogers-Warren and D. M. Baer, "The role of offer rates in controlling sharing by young children", *Journal of Applied Behaviour Analysis* 9, no. 4 (1976), pp491–497.

N. Chernyak and T. Kushnir, "Giving pre-schoolers choice increases sharing behaviour", *Psychological Science* 24, no. 10 (2013), pp1971–1979.

J. H. Bryan and P. London, "Altruistic behaviour in children", *Psychological Bulletin* 73, no. 3 (1970), pp200–211.

46～47 蓝色的杯子。不，黄色的杯子。不，还是蓝色的。

B. Schwartz, *The Paradox of Choice: Why More is Less*, New York, Ecco, 2004.

H. A. Simon, "Rational choice and the structure of the environment", *Psychological Review* 63, no. 2 (1956), pp129–138.

50～51 不要穿外套！

J. P. Owen et al., "Abnormal white matter microstructure in children with sensory processing disorders", *NeuroImage: Clinical*, no. 2 (2013), pp844–853, cited in J. Bunim, "Breakthrough Study Reveals Biological Basis for Sensory Processing Disorders in Kids", *UCSF* [web article], 9 July 2013, https://www.ucsf.edu/news/2013/07/107316/breakthrough-study-reveals-biological-basis-sensory-processing-disorders-kidsi, (accessed 27 June 2018).

S. Heller, *Too Loud, Too Bright, Too Fast, Too Tight: What to do if you are sensory defensive in an over-stimulating world*, New York, Harper Collins, 2003.

A. J. Ayres, *Sensory Integration and the Child: Understanding Hidden Sensory Challenges*, Los Angeles, Western Psychological Services, 2005.

56～57 我要你的手机！

A. Blum-Ross and S. Livingstone, "Families and screen time: current advice and emerging research", Media Policy Brief 17, London, Media Policy Project, London School of Economics and Political Science, 2016.

S. Livingstone et al., "Children's online activities, risks and safety: A literature review by the UKCCIS Evidence Group", UK Council for Child Internet Safety (UKCCIS), 2017.

58～59 再吃一个，好不好？

A. K. Ventura and J. A. Mennella, "Innate and learned preferences for sweet taste during childhood", *Current Opinion in Clinical Nutrition & Metabolic Care* 14, no. 4 (2011), pp379–384, cited in G. C. Kroen, "Kids' Sugar Cravings Might Be Biological", *NPR*, [web article], 26 September 2011, https://www.npr.org/sections/thesalt/2011/09/26/140753048/kids-sugar-cravings-might-be-biological, (accessed 27 June 2018).

J. O. Fisher and L. L. Birch, "Eating in the absence of hunger and overweight in girls from 5 to 7 y of age", *American Journal of Clinical Nutrition* 76, no. 1 (2002), pp226–231.

62～63 害羞

J. Kagan, J. S. Reznick and N. C. Snidman, "Biological Bases of Childhood Shyness", *Science* 240, no. 4849 (1988), pp167–171.

S. Cain, *Quiet: The Power of Introverts in a World That Can't Stop Talking*, London, Penguin, 2013.

66～67 我现在就要！

W. Mischel, Y. Shoda and M. I. Rodriguez, "Delay of gratification in children", *Science* 244, no. 4907 (1989), pp933–938.

76～77 我要听这个故事。

A. Shahaeian, et al. "Early shared reading, socioeconomic status, and children's cognitive and school competencies. *Scientific Studies of Reading* 22, no. 6 (2018): pp485–502.

M. Sénéchal and J. A. LeFevre, "Parental involvement in the development of children's reading skill: a five-year longitudinal study", *Child Development* 73, no. 2 (2002), pp445–460.

D. C. Kidd and E. Castano, "Reading Literary Fiction Improves Theory of Mind", *Science* 342, no. 6156 (2013), pp377-380.

J. S. Horst "Context and repetition in word learning", *Frontiers in Psychology* 4 (2013), p149.

78～79 我喜欢这根树枝。

G. Bento and G. Dias, "The importance of outdoor play for young children's healthy development", *Porto Biomedical Journal* 2, no. 5 (2017), pp157–160.

80～81 这个是用来干什么的？

C. Kidd and B. Y. Hayden, "The psychology and neuroscience of curiosity", *Neuron* 88, no. 3 (2015), pp449–460.

P. Y. Oudeyer and L. B. Smith, "How Evolution May Work Through Curiosity-Driven Developmental Process", *Topics in Cognitive Science* 8, no. 2 (2016), pp492–502.

S. Engel, *The Hungry Mind: The Origins of Curiosity in Childhood*, Cambridge (MA), Harvard University Press, 2018 (reprint edition).

J. Panksepp, *Affective Neuroscience: The Foundations of Human and Animal Emotions*, Oxford, Oxford University Press, 1998.

M. Sunderland, *The Science of Parenting*, London, Dorling Kindersley, 2008.

84～85 留出高质量陪伴时间

D. Elkind, *The Hurried Child: Growing Up Too Fast Too Soon*, Cambridge (MA), Perseus Publishing, 2001.

M. Sunderland, "The science behind how holidays make your child happier – and smarter", *The Telegraph*, [web article], 1 February 2017, https://www.telegraph.co.uk/travel/family-holidays/the-science-behind-how-holidays-make-your-child-happier-and-smarter/, (accessed 28 June 2018).

S. M. Siviy and J. Panksepp, "In search of the neurobiological substrates for social playfulness in mammalian brains", *Neuroscience and Biobehavioural Reviews* 35, no. 9 (2011), pp1821–1830.

86～87 明天是什么时候？

P. J. Bauer and T. Pathman, "Memory and Early Brain Development", in R. E. Tremblay, M. Boivin and R. D. V. Peters (eds), *Encyclopedia on Early Childhood Development* [online], December 2008, http://www.child-encyclopedia.com/brain/according-experts/memory-and-early-brain-development, [accessed 28 June 2018].

S. J. Beneke, M. M. Ostrosky and L. G. Katz, "Calendar time for young children: Good intentions gone awry", *Young Children* 63, no. 3 (2008), pp12–16.

K. A. Tillman and D. Barner, "Learning the language of time: Children's acquisition of duration words", *Cognitive Psychology* 78 (2015), pp55–77.

G. Burton and D. Edge, "Helping Children Develop a Concept of Time", *School Science and Mathematics* 85, no. 2 (1985), pp109–120.

90～91 我想要抱抱。

J. Kagan, "The Biography of Behavioral Inhibition", in M. Zentner and R. L. Shiner, (eds), *Handbook of Temperament*, Guilford Press, 2012, pp69–82.

94～95 我想要我的奶嘴！

E. Bachar et al., "Childhood vs. Adolescence Transitional Object Attachment, and Its Relation to Mental Health and Parental Bonding", *Child Psychiatry and Human Development* 28, no. 3 (1998), pp149–167.

D. W. Winnicott, "Transitional Objects and Transitional Phenomena – A Study of the First Not-Me Possession", *The International Journal of Psychoanalysis* 34 (1953), pp89–97.

NHS, "Sweets, fizzy drinks and bottles", *NHS* [web article], 25 November 2015, https://www.nhs.uk/Livewell/dentalhealth/Pages/Goodhabitskids.aspx, (accessed 28 June 2018).

96～97 你是伤心了吗，妈妈？

D. Goleman, *Emotional Intelligence: Why it can matter more than IQ*, London, Bloomsbury, 1996.

98～99 我要气爆炸了。

R. W. Greene, *The Explosive Child: A New Approach for Understanding and Parenting Easily Frustrated, Chronically Inflexible Children*, 5th ed., New York, Harper Paperbacks, 2014.

S. Shanker, *Self-Reg: How to Help Your Child (and You) Break the Stress Cycle and Successfully Engage with Life*, London, Penguin, 2017 (reprint edition).

100～101 我马上要动手了。

T. Payne Bryson and D. Siegel, *The Whole-Brain Child: 12 Proven Strategies to Nurture Your Child's Developing Mind*, London, Robinson, 2012.

102～103 这太好笑了！

A. S. Honig, "Research in Review: Humor Development in Children", *Young Children* 43, no. 4 (1988), pp16–73.

C. Lyon, "Humour and the young child: A review of the research literature", TelevIZIon 19 (2006), pp4–9.

104～105 长颈鹿先生也可以坐下来吗？

M. Taylor, *Imaginary Companions and the Children Who Create Them*, Oxford, Oxford University Press, 1999.

M. Taylor and C.M. Mottweiler, "Imaginary companions: Pretending they are real but knowing they are not", *American Journal of Play* 1 (2008), pp47–54.

108～109 我喜欢和你在一起。

J. Bowlby, *The Making and Breaking of Affectional Bonds*, Abingdon, Routledge, 2005.

M. Sunderland, *The Science of Parenting*, London, Dorling Kindersley, 2008.

110～111 天空为什么是蓝色的？

M. M. Chouinard, "Children's questions: a mechanism for cognitive development", *Monogr Soc Res Child Dev.* 72, no. 1 (2007), pp1–112.

A. Gopnik, A. Meltzoff and P. K. Kuhl, *The Scientist in the Crib: Minds, Brains and How Children Learn*, New York, William Morrow, 1999.

E. Elsworthy, "Curious children ask 73 questions each day – many of which parents can't answer, says study", *The Independent*, [web article], 3 December 2017, https://www.independent.co.uk/news/uk/home-news/curious-children-questions-parenting-mum-dad-google-answers-inquisitive-argos-toddlers-chad-valley-a8089821.html, (accessed 28 June 2018).

B. A. Goldfield, "Vocabulary Size in the First Language", in C. A. Chapelle (ed.), *The Encyclopedia of Applied Linguistics*, Hoboken, Wiley-Blackwell, 2012.

B. N. Frazier, S. A. Gelman and H. M. Wellman, "Preschoolers' search for explanatory information within adult-child conversation", *Child Development* 80, no. 6 (2009), pp1592–1611.

114～115 在我还小的时候……

C. M. Alberini and A. Travaglia, "Infantile Amnesia: A Critical Period of Learning to Learn and Remember", *The Journal of Neuroscience* 37, no. 24 (2017), pp5783–5795.

D. Amso, "When Do Children Start Making Long-Term Memories?", *Scientific American*, [web article], 1 January 2017, https://www.scientificamerican.com/article/when-do-children-start-making-long-term-memories/, (accessed 2 July 2018).

116～117 我放弃了。

C. Dweck, *Mindset: Changing The Way You Think To Fulfil Your Potential*, London, Robinson, 2017 (revised edition).

M. Hill et al., "Parenting and resilience", [booklet], Joseph Rowntree Foundation, 2007.

K. R. Ginsburg, *Building Resilience in Children and Teens: Giving Kids Roots and Wings*, 2nd ed., Itasca (IL), American Academy of Pediatrics, 2011.

126～127 我把泰迪丢了。

C. J. Litt, "Theories of Transitional Object Attachment: An Overview", *International Journal of Behavioral Development* 9, no. 3 (1986), pp383–399.

D. W. Winnicott, "Transitional Objects and Transitional Phenomena – A Study of the First Not-Me Possession", *The International Journal of Psychoanalysis* 34 (1953), pp89–97.

128～129 你总是那么忙。

D. Elkind, *The Hurried Child: Growing Up Too Fast Too Soon*, Cambridge (MA), Perseus Publishing, 2001.

D. Code, *Kids Pick Up on Everything: How Parental Stress is Toxic to Kids*, Createspace, 2011.

K. Salmela-Aro, L. Tynkkynen, and J. Vuori, "Parents' work burnout and adolescents' school burnout: Are they shared?", *European Journal of Developmental Psychology* 8, no. 2 (2011), pp215–227.

130～131 我讨厌她。

A. Faber and E. Mazlish, *Siblings Without Rivalry: How to Help Your Children Live Together So You Can Live Too*, New York, W. W. Norton & Company, 2012.

132～133 我感到很伤心。

T. Payne Bryson and D. Siegel, *The Whole-Brain Child: 12 Proven Strategies to Nurture Your Child's Developing Mind*, London, Robinson, 2012.

136～137 怎么照顾生病的孩子

E. Barlow, "Three Million Working Days Are Lost Each Year To Care For Sick Children", *Female First*, [web article], 4 December 2015, http://www.femalefirst.co.uk/parenting/three-million-working-days-year-care-sick-children-900451.html, (accessed 2 July 2018).

C. Eiser, "Changes in understanding of illness as the child grows", *Archives of Disease in Childhood* 60 (1985), pp489–492.

138～139 他们说我是一个"哭包"

E. Kennedy-Moore, "Helping Children Who Cry Easily", *Psychology Today*, [web article], 1 September 2013, https://www.psychologytoday.com/us/blog/growing-friendships/201308/helping-children-who-cry-easily, (accessed 2 July 2018).

E. N. Aron, *The Highly Sensitive Child: Helping Our Children Thrive When the World Overwhelms Them*, New York, Harmony, 2002.

D. J. Kindlon, *Raising Cain: Protecting the*

Emotional Life of Boys, New York, Ballantine Books, 2000.

140～141 我做了一个不好的梦

A. S. Honig and A. L. Nealis, "What do young children dream about?", *Early Child Development and Care* 182, no. 6 (2012), pp771–795.

J. D. Woolley and H. M. Wellman, "Children's concept of dreams", *Cognitive Development* 7, no. 3 (1992), pp365–380.

T. A. Nielsen et al., "Development of disturbing dreams during adolescence and their relation to anxiety symptoms", *Sleep* 23, no. 6 (2000), pp1–10, cited in P. McNamara, "Children's Dreams and Nightmares", *Psychology Today*, [web article], 30 October 2016, https://www.psychologytoday.com/gb/blog/dream-catcher/201610/childrens-dreams-and-nightmares, (accessed 27 June 2018).

144～145 我尿裤子了。

M. Wells and L. Bonner, *Effective Management of Bladder and Bowel Problems in Children*, London, Class Publishing, 2008, cited in "Children who soil or wet themselves: information for parents, carers and anyone who works with children", leaflet, Royal College of Psychiatrists, https://www.rcpsych.ac.uk/healthadvice/parentsandyoungpeople/parentscarers/soilingorwetting.aspx, (accessed online 28 June 2018).

146～147 她太讨厌了。

M. Thompson, *Mom, They're Teasing Me: Helping Your Child Solve Social Problems*, New York, Ballantine Books, 2002.

150～151 你必须得这样。

M. Thompson, *Mom, They're Teasing Me: Helping Your Child Solve Social Problems*, New York, Ballantine Books, 2002.

154～155 生日派对

Asda/The Telegraph, "Parents spend £19k on children's birthday parties over lifetime", *The Telegraph*, [web article], 25 May 2015, https://www.telegraph.co.uk/news/shopping-and-consumer-news/11627237/Parents-spend-19k-on-childrens-birthday-parties-over-lifetime.html, (accessed 28 June 2018).

J. Woolley, "The All-Important Annual Birthday Party", *Psychology Today*, [web article], 10 January 2013, https://www.psychologytoday.com/us/blog/what-children-know/201301/the-all-important-annual-birthday-party, (accessed 28 June 2018).

158～159 我尿床了。

NHS, "Bedwetting in under-5s", *NHS* [web article], 8 October 2015, https://www.nhs.uk/conditions/pregnancy-and-baby/bedwetting/, (accessed 27 June 2018).

National Institute for Health and Clinical Excellence, *Nocturnal enuresis: The management of bedwetting in children and young people,* London, National Clinical Guideline Centre, 2010.

Canadian Paediatric Society, "Bedwetting (enuresis)", *Paediatrics & Child Health* 3, no. 2 (1998), p141.

164～165 刚才做得还好吗？

T. Carey, *Taming the Tiger Parent: How to put your child's well-being first in a competitive world*, London, Robinson, 2014.

170～171 分居和离婚

H. Westberg, T. S. Nelson, and K. W. Piercy, "Disclosure of Divorce Plans to Children: What the Children Have to Say", *Contemporary Family Therapy* 24, no. 4 (2002), pp525–542.

J. Healy, A. Stewart, and A. Copeland, "The Role of Self-Blame in Children's Adjustment to Parental Separation", *Personality and Social Psychology Bulletin* 19, no. 3, pp279–289.

174～175 不要在墙上画画。

L. E. Berk, *Infants, Children, and Adolescents*, 4th Ed, Boston, Allyn & Bacon, 2002.

182～183 我做不来。

T. E. Chansky, *Freeing Your Child from Negative Thinking: Powerful, Practical Strategies to Build a Lifetime of Resilience, Flexibility, and Happiness*, Cambridge (MA), Da Capo Lifelong Books, 2008.

T. Carey, *Taming the Tiger Parent: How to put your child's well-being first in a competitive world*, London, Robinson, 2014.

188～189 良好的举止

D. Auerbach, "Could your manners impact your career?", *CareerBuilder*, [web article], 27 August 2014, https://www.careerbuilder.com/advice/could-your-manners-impact-your-career, (accessed 28 June 2018).

M. Thompson, *Mom, They're Teasing Me: Helping Your Child Solve Social Problems*, New York, Ballantine Books, 2002.

E. Cook and R. Dunifron, "Do Family Meals Really Make a Difference?", Parenting in Context, Cornell University College of Human Ecology, 2012.

190～191 没人喜欢我。

J. Mize and G. S. Pettit, "Mothers' social coaching, mother-child relationship style, and children's peer competence: is the medium the message?", *Child Development* 68, no. 2 (1997), pp312–332.

E. Kennedy-Moore and C. McLaughlin, *Growing Friendships. A Kids' Guide to Making and Keeping Friends*, Hillsboro, Beyond Words Publishing, 2017.

M. Thompson, *Mom, They're Teasing Me: Helping Your Child to Solve Social Problems*, New York, Ballantine Books, 2002.

E. Kennedy-Moore, "What Are Social Skills? Helping children become comfortable and competent in social situations", *Psychology Today*, [web article], 18 August 2011, https://www.

psychologytoday.com/intl/blog/growing-friendships/201108/what-are-social-skills, (accessed 27 June 2018).

T. Carey, "Does your child struggle to make friends? They could be suffering from social dyslexia", *The Telegraph*, [web article], 31 August 2016, https://www.telegraph.co.uk/women/family/does-your-child-struggle-to-make-friends-they-could-be-suffering/, (accessed 27 June 2018).

196～197 我不想去上学。

L. Wilmshurst, *Clinical and Educational Child Psychology. An Ecological-Transnational Approach to Understanding Child Problems and Interventions*, Hoboken, Wiley-Blackwell, 2013.

200～201 学校的压力

H. Gardner, *Frames of Mind: The Theory of Multiple Intelligences*, New York, Basic Books, 1983.

H. Gardner, *Multiple Intelligences: New Horizons in Theory and Practice*, New York, Basic Books, 2006.

P. Tough, *How Children Succeed*, New York, Random House Books, 2013.

T. Carey, *Taming the Tiger Parent: How to put your child's well-being first in a competitive world*, London, Robinson, 2014.

204～205 我是最棒的。

E. Brummelman and S. Thomaes, "How Children Construct Views of Themselves: A Social-Developmental Perspective", *Child Development* 88, no. 6 (2017), pp1763–1773.

E. Brummelman et al., "Origins of narcissism in children", *Proceedings of the National Academy of Sciences* 112, no. 12 (2015), pp3659–3662.

208～209 但我所有的朋友都有一个。

L. N. Chaplin and D. R. John, "Growing up in a Material World: Age Differences in Materialism in Children and Adolescents", *Journal of Consumer Research* 34, no. 4 (2007), pp480–493.

J. B. Schor, *Born to Buy: The Commercialized Child and the New Consumer Culture*, New York, Simon & Schuster, 2004.

212～213 钱的问题

A. Bucciol and M. Veronesi, "Teaching Children to Save and Lifetime Savings: What is the Best Strategy?", *Journal of Economic Psychology* 45 (2013), pp1–17.

A. Furnham, "The saving and spending habits of young people", *Journal of Forensic Psychology* 20 (1999), pp677–697.

R. Rubin, "Kids vs. Teens: Money and Maturity Guide to Online Behaviour", eMarket, 2004.

P. Webley, R. M. Levine, and A. Lewis, "A study in economic psychology: Children's saving in a play economy", in S. Maital and S. Maital (eds), *Economics and Psychology*, Edward Elgar, 1993, pp61–80.

A. Strauss and K. Schuessler, "Socialization, logical reasoning and concept development in the child", *American Sociological Review* 16 (1951), pp514–523.

A. F. Furnham, "Parental attitudes towards pocket money/allowances for children", *Journal of Economic Psychology* 22 (2001), pp397–422.

214～215 不要争了！

M. El-Sheikh, E. M. Cummings, and S. Reiter, "Preschoolers' responses to ongoing interadult conflict: The role of prior exposure to resolved versus unresolved arguments", *Journal of Abnormal Child Psychology* 24, no. 5 (1996), pp665–679.

M. El-Sheikh, "Children's responses to adult–adult and mother–child arguments: The role of parental marital conflict and distress", *Journal of Family Psychology* 11, no. 2 (1997), pp165–175.

A. M. Graham, P. A. Fisher, and J. H. Pfeifer, "What Sleeping Babies Hear: An fMRI Study of Interparental Conflict and Infants' Emotion Processing", *Psychological Science* 24, no. 5 (2013), pp782–789.

216～217 但我不累。

Stanford Children's Health, "Sleep and Your Child", *Stanford Children's*, [web article], http://www.stanfordchildrens.org/en/topic/default?id=sleep-and-your-child-1-2909, (accessed 2 July 2018).

M. Wood, "Electronic devices, kids and sleep: How screen time keeps them awake", *Science Life (The University of Chicago Medicine)*, [web article], 17 February 2016, https://sciencelife.uchospitals.edu/2016/02/17/electronic-devices-kids-and-sleep-how-screen-time-keeps-them-awake/, (accessed 2 July 2018).

218～219 我无聊了。

S. Mann and R. Cadman, "Does Being Bored Make Us More Creative?", *Creativity Research Journal* 26, no. 2 (2014), pp165–173, cited in British Psychological Society (BPS), "Boredom can be good for you, scientists say", *ScienceDaily* [web article], 24 March 2015, www.sciencedaily.com/releases/2015/03/ 150324205940.htm, (accessed 25 June 2018).

E. Rhodes, "The exciting side of boredom", *The Psychologist* 28, no. 4 (2015), pp278–281.

A. D. Pellegrini and C. M. Bohn-Gettler, "The Benefits of Recess in Primary School", *Scholarpedia* 8, no. 2 (2013), p30448.

D. G. Singer et al., "Children's Pastimes and Play in Sixteen Nations: Is Free-Play Declining?", *American Journal of Play* 1, no. 3 (2009), pp283–312.

A. A. Brooks, *Children of Fast-Track Parents*, New York, Viking Books, 1989.

222～223 我有男朋友了。

R. P. Carlisle, *Encyclopedia of Play in Today's Society*, vol. 1, Thousand Oaks, SAGE Publications, 2009.

224～225 我再也不玩了！

B. Priewasser, J. Roessler, and J. Perner, "Competition as rational action: why young children cannot appreciate competitive games", *Journal of Experimental Child Psychology* 116, no. 2 (2013), pp545–559.

230～231 我必须得学习音乐吗？

C. Chau and T. Riforgiate, "The Influence of Music on the Development of Children", BSc project, California Polytechnic State University, San Luis Obispo, 2010.

B. M. McGarity, "Relationships among Cognitive Processing Styles, Musical Ability and Language Ability", MEd thesis, University of New England, New South Wales, 1986.

232～233 什么是陌生人？

"Staying safe away from home", *NSPCC*, [web article], https://www.nspcc.org.uk/preventing-abuse/keeping-children-safe/staying-safe-away-from-home/, (accessed 2 July 2018).

234～235 我的日记——不准看！

H. M. Gordon, T. D. Lyon, and K. Lee, "Social and cognitive factors associated with children's secret-keeping for a parent", *Child Development* 85, no. 6 (2014), pp2374–2388.

M. D. Griffiths, "Writing Wrongs: Diary writing and psychological wellbeing", *Psychology Today*, [web article], 14 July 2015, https://www.psychologytoday.com/us/blog/in-excess/201507/writing-wrongs, (accessed 2 July 2018).

K. Klein and A. Boals, "Expressive writing can increase working memory capacity", *Journal of Experimental Psychology: General* 130 no. 3 (2001), pp520–533.

M. D. Lieberman et al., "Putting Feelings Into Words: Affect Labeling Disrupts Amygdala Activity in Response to Afferctive Stimuli", *Psychological Science* 18, no. 5 (2007), pp421–428, cited in I. Sample, "Keeping a diary makes you happier", *The Guardian*, [web article], 15 February 2009, http://www.guardian.co.uk/science/2009/feb/15/psychology-usa, (accessed 2 July 2018).

236～237 你为什么必须去工作？

D. Elkind, *The Hurried Child: Growing Up Too Fast Too Soon*, Cambridge (MA), Perseus Publishing, 2001.

240～241 我想要一部手机。

S. Livingstone et al., "Children's online activities, risks and safety: A literature review by the UKCCIS Evidence Group", UK Council for Child Internet Safety (UKCCIS), 2017.

K. M. Collier et al., "Does parental mediation of media influence child outcomes? A meta-analysis on media time, aggression, substance use, and sexual behavior", *Developmental Psychology* 52, no. 5 (2016), pp798–812.

242～243 我不够漂亮。

L. Papadopoulos, *Sexualisation of Young People Review*, UK Home Office, 2010.

244～245 课外活动

J. Hamilton, "Scientists Say Child's Play Helps Build A Better Brain", *NPR*, [web article], 6 August 2014, https://www.npr.org/sections/ed/2014/08/06/336361277/scientists-say-childs-play-helps-build-a-better-brain, (accessed 28 June 2018).

A. D. Pellegrini and C. M. Bohn-Gettler, "The Benefits of Recess in Primary School", *Scholarpedia* 8, no. 2 (2013), p30448.

D. Elkins, "Are We Pushing Our Kids Too Hard?", *Psychology Today*, [web article], 1 January 2003, https://www.psychologytoday.com/gb/articles/200303/are-we-pushing-our-kids-too-hard, (accessed 28 June 2018).

A. A. Brooks, *Children of Fast-Track Parents*, New York, Viking Books, 1989.

致 谢

作者塔妮思·凯里：非常感谢我的两个孩子莉莉和珂莱欧，谢谢她们俩促成了本书的面世。本书正是在你们还小的时候我就想找到的书，希望在你们有了自己的孩子后，它能为你们提供一些洞见，你们让我学到了很多。向我的丈夫安东尼表达我的爱意，他的支持让我得以从容不迫地慢慢写书。还必须特别感谢我最好的经纪人卡罗琳·蒙哥马利；同样理所当然地要感谢冷静、博学且始终保持理性的顾问安哈蕾德·拉德金博士，帮助父母更好地理解自己的孩子，始终是她工作中的最优先事项。最后，创作一本真正原创又能浅显易懂且友好的育儿书，并非易事，支持本项目运作的DK伦敦部的编辑实在是太了不起了，这是一个极其出色的团队！

顾问安哈蕾德·拉德金：非常感谢格温达和亚瑟，感谢你们让我的童年如此幸福，如此充满爱和信念；也感谢大卫、诺拉、布丽姬特和亚瑟，感谢你们教给我的一切，这远超任何教科书能给予我的。

出版社：我们想感谢在本书创作过程中做出贡献的以下人员：负责校对的凯西·斯蒂尔和编写索引的凡妮莎·贝尔卡。

作者简介

塔妮思·凯里（Tanith Carey）是一名英国记者，曾荣获业内大奖；她同时也是一名作家，执笔探讨现代家长所面临的最迫切挑战。她的8本著作已被翻译成包括德语、法语、阿拉伯语、汉语、韩语和土耳其语等在内的15种语言。凯里女士曾旅居美国，从事编辑和创作工作，所以对大西洋两岸的教育都有深入的见解。她的文字曾在多种知名刊物上发表，包括英国的《每日电讯报》《泰晤士报》《卫报》和美国的《纽约每日新闻》。凯里女士还是许多电视和电台节目的嘉宾，如美国NBC的《今日》、英国BBC广播4台的《女性时间》与《你和你的》，英国独立电视台的《今晨》《罗琳秀》和《早安英国》。凯里女士育有两个女儿（分别为16岁和13岁）。

顾问简介

安哈蕾德·拉德金（Angharad Rudkin）**博士**是一名临床心理学家，是英国心理学会的副会士。她已有15年以上为儿童、青少年和家庭服务的经验。拉德金女士拥有一家独立的诊所，还在英国南安普顿大学教授临床儿童心理学。她定期为全国性的报纸和杂志供稿，撰写“儿童和家庭健康”主题的文章，她还是伦敦《地铁》日报的情感专家。拉德金女士经常参加电视和电台节目，以“儿童和家庭问题”专家的身份为节目提供建议。